爱财有道
我的第一本理财书

田国庆◎编著

电子工业出版社
Publishing House of Electronics Industry
北京·BEIJING

内容简介

本书主要讲解生活中各种各样的理财常识和资产配置技巧，从储蓄、保险、股票、基金、贵金属、债券等不同层面阐述了理财的具体内容，帮助大家培养理财意识、掌握理财方法，使手中的财富快速、稳健地升值。

本书提供了很多实用的理财建议和成功案例，以及相关的知识点，力求将知识性与实用性完美结合，真正做到了语言平实、深入浅出，对大众具有深刻的指导意义。本书在使读者了解知识点的基础上，更注重实际操作，将生硬的理论知识具象化，帮助读者了解如何理财、如何做到成本与价值的最优化等。

本书适合所有有理财需求的读者阅读。

未经许可，不得以任何方式复制或抄袭本书之部分或全部内容。
版权所有，侵权必究。

图书在版编目（CIP）数据

爱财有道：我的第一本理财书/田国庆编著. —北京：电子工业出版社，2018.7

ISBN 978-7-121-34196-0

Ⅰ.①爱… Ⅱ.①田… Ⅲ.①财务管理－通俗读物 Ⅳ.①TS976.15-49

中国版本图书馆CIP数据核字（2018）第103054号

策划编辑：刘　伟
责任编辑：牛　勇
特约编辑：赵树刚
印　　刷：三河市双峰印刷装订有限公司
装　　订：三河市双峰印刷装订有限公司
出版发行：电子工业出版社
　　　　　北京市海淀区万寿路173信箱　　邮编：100036
开　　本：720×1000　1/16　　印张：16.25　　字数：364千字
版　　次：2018年7月第1版
印　　次：2018年7月第1次印刷
定　　价：49.00元

凡所购买电子工业出版社图书有缺损问题，请向购买书店调换。若书店售缺，请与本社发行部联系，联系及邮购电话：(010) 88254888，88258888。

质量投诉请发邮件至zlts@phei.com.cn，盗版侵权举报请发邮件至dbqq@phei.com.cn。

本书咨询联系方式：010-51260888-819，faq@phei.com.cn。

前　言

现代社会中，理财早已不是有钱人的专利，每个人理好财都可以受益终身。

看到身边的朋友一个一个富裕起来，很多人心里难免会有一些酸楚，随之会产生一些问题：

为什么不分昼夜地辛苦工作，最后还是没有积累到多少财富？

为什么和别人同样的起点，若干年后却相形见绌？

为什么受一样的教育，生活水平却相差那么大？

为什么最大限度地省吃俭用，银行的存款还是少得可怜？

……

随着这一系列的"为什么"的提出，我们确实需要对自己的生活和理财观念进行反省，做一些转变，从而找到适合自己的理财思路。俗话说得好，"你不理财，财不理你"，理好财才能让生活水平有所提高。

理财这件事，其实早已渗透进我们的生活，每个人对此似乎都无比熟悉，但又知之甚少。简单来说，你跟理财的关系就是"你认识它，但它不认识你"。面对"理财"这一庞大而又充满系统感的事物，你无从下手。理财对于每一个人都十分重要，如果能够找到一个好的理财方式，那么就可以使自己的财富更上一个台阶。所以，不懂理财的朋友一定要及时充电，而已在理财路上的朋友则要精益求精。随着人们生活水平和经济收入的不断提高，生活理财方案已经提上每一个家庭的日程。

但在我们理财的道路上也要经历很多风险，正所谓"入市有风险，投资需谨慎"。随着 P2P 理财平台的接连跑路，一些互联网理财产品的收益不断降低，炒股又变成风险巨大的投资方式，理财又一次成为人们关注的社会热点话题。如果盲目理财，那么最后的结果可想而知。

本书主要讲解生活中各种各样的理财常识和资产配置技巧。另外，还提供了很多实用的理财建议和成功案例，以及相关的知识点，力求将知识性与实用性完美结合。在使读者了解知识点的基础上，注重实际操作，将生硬的理论知识具象化，帮助读者了解如何理财、如何做到成本与价值的最优化等。全书既有理论分析，又有实战指南；既有理想模型，又有真实案例；既有成功经验的分享，又有失败教训的剖析。

本书由田国庆编著，参与编写和资料收集的人员有赵树刚、尚海宾、吴超、沈丽丽、帅成维、张荣艳、赵智超、刘鑫、曾秀云、闫美珍、韩蕊、张振合、赵小华、韩炳东、赵剑飞、罗树利、刘曦和谢小梅。在此对所有参与写作和资料收集的人员表示感谢，也感谢大家提出的中肯意见。

由于笔者水平有限，书中难免会出现错误或不足之处，望广大读者能够批评指正。希望本书能为您的理财和资产配置之路添砖加瓦！

编　者

2018 年 4 月

轻松注册成为博文视点社区用户（www.broadview.com.cn），扫码直达本书页面。

- **提交勘误**：您对书中内容的修改意见可在 提交勘误 处提交，若被采纳，将获赠博文视点社区积分（在您购买电子书时，积分可用来抵扣相应金额）。
- **交流互动**：在页面下方 读者评论 处留下您的疑问或观点，与我们和其他读者一同学习交流。

页面入口：http://www.broadview.com.cn/34196

目 录

第1章 从传统理财到互联网理财 1

1.1 传统理财 1
1.1.1 传统理财的分类和特点 1
1.1.2 传统理财的弊端 3
1.1.3 银行理财也有风险，8件事要了解 3
1.2 互联网理财 6
1.2.1 互联网理财入门 6
1.2.2 互联网理财的优势与风险 7
1.3 理财前的热身准备——奠定良好的理财观念 9
1.4 理财，你一定要懂的几个常用名词 10
1.5 一定要懂的投资理财"三三定律" 13
1.6 投资理财提高幸福指数的4项法则 14
1.7 不同理财性格选择不同理财产品 16
1.7.1 测一测自己属于哪种理财性格 16
1.7.2 投资理财不拼人品拼心态 19
1.7.3 成功投资理财需要这五大特质 20
1.7.4 保守型投资者应如何投资及需要注意的问题 22
1.8 理财新人解答：理财常见的错误认知 24
1.8.1 错误1：理财就是投资 24
1.8.2 错误2：没钱不需要理财 25
1.8.3 错误3：工资高不需要理财 27
1.8.4 错误4：购买银行理财产品安全又赚钱 28
1.8.5 错误5：买房买车都是投资 29
1.8.6 错误6：购买奢侈品也是"投资" 31
1.8.7 错误7：理财决定说做就做 33
1.8.8 错误8：跟风，盲目相信他人 35
1.8.9 错误9：做好投资一夜暴富不是神话 36
1.8.10 错误10：孤注一掷才能享高收益 37
1.8.11 错误11：理财工具必须频繁转换 38
1.8.12 错误12：理财就是拿闲钱消遣生活 40

- 1.8.13 错误13：理财方案一经确定不需调整 41
- 1.8.14 错误14：投资理财就是守株待兔 42
- 1.8.15 错误15：保本型理财产品没有风险 45

第2章 常见的互联网理财方式 47

2.1 货币基金理财 47
- 2.1.1 认清产品，避开陷阱 47
- 2.1.2 选择货币型基金的五大技巧 48
- 2.1.3 基金排行榜靠谱吗 50
- 2.1.4 基金买卖中必须知道的六大信息 52

2.2 P2P理财 55
- 2.2.1 P2P理财的优势 56
- 2.2.2 根据投资资金选择合适的P2P平台 58
- 2.2.3 通过目标收益率选择P2P理财平台 63
- 2.2.4 选择P2P平台的4个小技巧 66
- 2.2.5 认清骗局，远离跑路者 68
- 2.2.6 P2P新手投资的10大经验 70
- 2.2.7 不同投资方向的P2P理财产品收益也不同 72

2.3 众筹理财 74
- 2.3.1 众筹理财入门 74
- 2.3.2 参加众筹要有明确的目标 75
- 2.3.3 优秀平台随心选，众筹项目别放过 76
- 2.3.4 小心众筹投资的风险 79
- 2.3.5 自众筹如何避免成为非法集资 80

第3章 理财平台与产品的选择 82

3.1 余额宝 82
- 3.1.1 认识余额宝 82
- 3.1.2 余额宝的收益与存取款时间规则 84
- 3.1.3 余额宝赚钱实战 86
- 3.1.4 什么是货币基金 91
- 3.1.5 年化收益率 92

3.2 微信理财 93
- 3.2.1 微信理财入门 93
- 3.2.2 腾讯理财通收益何时结算 94

目录

	3.2.3 腾讯理财通和余额宝的优劣比较	95
	3.2.4 腾讯理财通赚钱实战	96
3.3	百度理财和京东小金库	102
	3.3.1 百度理财	102
	3.3.2 京东小金库	103
	3.3.3 京东小金库和余额宝哪个更适合你	105
3.4	其他"宝宝"类理财产品	106
	3.4.1 工银瑞信现金快线	107
	3.4.2 陆金所平安宝	108
	3.4.3 中国电信添益宝	111
	3.4.4 问答：如何选择合适的"宝宝"类理财产品	112

第4章 省钱有道，为生活增值 …… 114

4.1	认识第三方支付	114
	4.1.1 关于第三方支付	115
	4.1.2 支付宝与微信支付的对比	116
4.2	维护好你的支付安全	117
	4.2.1 设置复杂的交易密码	117
	4.2.2 慎点各类不明链接	118
4.3	网购返利，买东西还能给你送钱	120
4.4	记账管理，有根据的理财之道	122
	4.4.1 记账也可以节约开支	122
	4.4.2 常用的三大记账类App	124
	4.4.3 记账要坚持，定期分析才有用	129

第5章 白条消费，利用时间差理财 …… 132

5.1	白条消费也能理财	132
5.2	利用白条进行理财的优势	133
5.3	打白条的风险	134
5.4	选择适合自己的提前消费产品	135
	5.4.1 支付宝蚂蚁花呗	135
	5.4.2 京东白条	138
	5.4.3 苏宁零钱贷	140
	5.4.4 支付宝蚂蚁花呗、京东白条和苏宁零钱贷的比较	141
5.5	信用卡分期付款	142

    5.5.1 信用卡分期付款分类 142
    5.5.2 信用卡分期付款的优缺点 143
    5.5.3 如何申请信用卡分期付款 144
    5.5.4 利用信用卡分期付款提额的技巧 145

第6章 保障之选：保险理财 147

  6.1 以保代理，现代人必备的理财方式 147
  6.2 互联网理财型保险 148
  6.3 做好一生保障，让保险也为你赚钱 149
    6.3.1 社保，基础保障 149
    6.3.2 财产险，意外灾害保障 152
    6.3.3 人身意外险，给自己和家人一个保障 153
    6.3.4 万能险，根据情况自定义 154
    6.3.5 大病健康险 155
  6.4 让财富增值的三种保险理财产品 155
    6.4.1 投资连结保险 155
    6.4.2 分红保险 157
    6.4.3 万能保险 158
  6.5 保险，人生三大阶段的生活保障 159
  6.6 理财型保险与保障型保险，哪种更适合你 161
  6.7 网上自助购买保险，费用更低、保障更高 163
  6.8 理财型保险的七大误区 165

第7章 大浪淘金：股票理财 167

  7.1 股票的基础知识 167
    7.1.1 股票术语解析 167
    7.1.2 股票的分类及购买股票的好处 169
    7.1.3 股票的技术分析方法 170
    7.1.4 股票投资的风险 171
  7.2 股票的开户与交易 173
    7.2.1 股票开户 173
    7.2.2 如何进行股票交易 174
  7.3 股票交易技巧 176
    7.3.1 不同类型的投资者如何选择股票 176

7.3.2 如何把握股票买卖点 178

第8章 把握机遇：基金理财 181

8.1 基金的基础知识 181
8.1.1 基金投资与基金分类 181
8.1.2 为什么要购买基金 182
8.1.3 购买基金的风险 183

8.2 如何申购基金 184
8.3 购买基金的7个技巧 186

第9章 稳中求胜：贵金属理财 188

9.1 贵金属投资 188
9.1.1 贵金属的投资种类 188
9.1.2 贵金属投资的优势与风险 189
9.1.3 影响贵金属价格的因素 190

9.2 贵金属的投资技巧 191
9.2.1 实物黄金投资 191
9.2.2 纸黄金投资 193
9.2.3 黄金实战交易技巧 196

第10章 百战不殆：债券投资 198

10.1 债券投资基础知识 198
10.1.1 债券的分类 199
10.1.2 债券入门 201
10.1.3 债券的风险 203

10.2 债券的交易 206
10.2.1 场内债券交易程序 206
10.2.2 场外债券交易程序 208

10.3 购买债券的渠道 209
10.4 购买债券的策略 211

第11章 理财目标，根据实际情况来选择 213

11.1 确定自己目前的理财阶段 213
11.2 选择适合自己的理财方式 215
11.2.1 职场新人：刚毕业的白领如何理财 215

IX

- 11.2.2 "月光族": 如何投资理财才能更好地生活 ... 216
- 11.2.3 新婚小夫妻: 如何通过理财共渡难关 ... 217
- 11.3 家庭理财, 好计划让家庭更和睦 ... 218
  - 11.3.1 认识家庭理财比率 ... 219
  - 11.3.2 家庭理财中的数字定律 ... 220
  - 11.3.3 工薪族情侣理财: 工薪族情侣如何通过理财添婚房 ... 221
  - 11.3.4 单收入家庭如何稳健理财 ... 222
  - 11.3.5 小城市家庭理财: 三线城市中等家庭如何理财 ... 223
  - 11.3.6 出国理财: 出国留学家庭如何理财 ... 225

第12章 资产配置入门, 让理财变成习惯 ... 226

- 12.1 不同资金量的资产配置方案 ... 226
  - 12.1.1 10万元如何做好短期资产配置 ... 226
  - 12.1.2 50万元闲置资金如何灵活配置获取高收益 ... 227
  - 12.1.3 预期投入100万元, 如何进行合理的资产配置 ... 228
  - 12.1.4 自由职业者如何配置资产实现财务自由 ... 230
- 12.2 根据家庭收入水平来选择投资产品 ... 231
  - 12.2.1 年收入10万元以下的家庭如何理财 ... 231
  - 12.2.2 年收入30万元的家庭如何理财 ... 233
  - 12.2.3 年收入百万元的家庭如何理财 ... 234

第13章 互联网理财的安全管理 ... 236

- 13.1 警惕网络安全, 管好自己的钱袋子 ... 236
  - 13.1.1 电脑端网上理财安全问题 ... 236
  - 13.1.2 移动端网上理财, 小心二维码病毒 ... 240
  - 13.1.3 常见的互联网金融理财诈骗手段 ... 242
- 13.2 选择安全的理财平台时应注意的问题 ... 245
  - 13.2.1 低息平台不一定更安全 ... 246
  - 13.2.2 高息分散投资未必安全 ... 246
  - 13.2.3 经常打广告的平台也不一定靠谱 ... 247
  - 13.2.4 "高大上"的投资团队未必可靠 ... 248
  - 13.2.5 老平台也要小心 ... 249
  - 13.2.6 投资同一地区也不一定安全 ... 249

第 1 章
从传统理财到互联网理财

随着我国经济的快速发展，老百姓的日子越过越红火，理财意识也日益增强，大家都会将自己手头的闲置资金进行适当投资，让钱赚更多钱。但是，很多人对投资理财方式的选择比较保守，喜欢"死守"那些传统的理财方式，以至于怎样理财都不见"财"。当今互联网理财，特别是移动互联网理财的风生水起，为人们的理财方式提供了更多选择方案。

1.1 传统理财

常见的传统理财方式安全性高，收益有保障，成为很多稳健型家庭资产配置的首选。

1.1.1 传统理财的分类和特点

俗话说"不怕慢，就怕站"，理财也是一样的道理。当今，越来越多的人积极投身到理财行业之中，中老年人都比较信赖银行理财及不动产等投资方式。下面我们介绍一下常见的 11 种理财方式，如表 1-1 所示。

表1-1 常见的 11 种理财方式

分类	主要特点	备注
银行储蓄	个人将自己所赚取的钞票存入银行卡，进行活期存款或者定期存款。也就是说，将钱放到银行，让银行替你保管，同时银行给你很少的利息。活期利率最低，定期存款时间越长利率越高	
债券	债券是政府、金融机构、工商企业等直接向社会借债筹措资金时，向投资者发行，同时承诺按一定利率支付利息并按约定条件偿还本金的债权债务凭证	国债收益相对来说比银行储蓄要高一些
信托	信托，即受人之托，代人管理财物，是指委托人基于对受托人的信任，将其财产权委托给受托人，由受托人按照委托人的意愿以自己的名义，为受益人（委托人）的利益或其他特定目的进行管理或处分的行为	信托的门槛比较高，起步委托一般在 50 万元以上
保险	保险是一把财务保护伞，它让家庭把风险交给保险公司，即使有意外，也能使家庭得以维持基本的生活质量。保险投资在家庭投资活动中也许并不是最重要的，但却是最必需的	
股票	股票作为股份公司为筹建资金而发行的一种有价证券，是证明投资者投资入股并据以获取股利收入的一种股权凭证，早已走进千家万户，成为许多家庭投资的重要目标。股票投资已成为老百姓日常谈论的热门话题。由于股票具有高收益、高风险、可转让、交易灵活、方便等特点，成为很多普通老百姓的重要理财途径	
基金	购买基金就是让基金公司经理人帮你打理钱财，基金公司将募集而来的资金交给基金经理，即专业的投资人员进行投资，从而赚取利润，然后给予集资的人一定的利息	与股票不同的是，股票持有者直接持有公司证券，而基金是通过基金经理来持有公司证券的
期货	期货交易是指交易双方在期货交易所内，通过公开竞价方式，买进或卖出在未来某一日期按协议的价格交割标准数量商品的合约的交易	期货交易的风险很大，不太适合一般家庭介入
外汇投资	外汇投资，简单来说就是用人民币不断兑换外国货币，从中赚取差价，也包括通过国家机构用外国货币进行国外投资获取利润	
贵金属投资	贵金属投资分为实物投资和带杠杆的电子盘交易投资，以及银行类的纸黄金、纸白银。其中，实物投资是指投资人在对贵金属市场看好的情况下，低买高卖，赚取差价的过程。也可以是在不看好经济前景的情况下所采取的一种避险手段，以实现资产的保值、增值	
艺术品投资	常见的收藏艺术品有古玩、字画、钱币、邮品等。收藏不仅是一种修身养性的文化活动，也是一条致富的途径。收藏爱好者应遵循商界"不熟不做"的至理名言，应熟悉某一收藏品的品种、性质、特点、市场行情及兴趣、欣赏原则，及时收藏，待价而沽，达到取得投资收益的最终目的	
房地产投资	房地产是房屋财产和土地财产的合称。其实，房地产除满足人们居住遮风避雨外，兼具保值、增值的作用，是防止通货膨胀的良好投资工具	

1.1.2 传统理财的弊端

很多人对投资理财方式的选择比较保守，喜欢"死守"传统的理财方式，以至于怎样理财都不见"财"。据统计，90%的新兴富豪都已经不再对财富进行传统式理财。究其原因，是因为传统的理财方式无法满足他们对财富投资的追求。那么，传统理财有哪些弊端呢？表1-2进行了总结。

表1-2 传统理财的弊端

弊端	说明
收益低	一般来说，传统的理财方式收益都比较低。比如银行存款的利率就很低，而银行理财产品的年利率也仅仅在5.5%左右徘徊
流动性差	虽然传统理财方式的安全性比较高，但是投资者还是要付出一些代价的，一般投资期限分为1年、3年、5年不等，不仅需要毅力，还需要财力。比如国债这种理财方式，在投资期内是不能随时赎回的，而且一旦提前支取，必定会造成较大的利息损失
投资门槛较高	比如银行的理财产品，投资者不仅需要去银行上门购买，而且还划定了投资门槛，如5万元起，这对于一些普通老百姓来说并不容易，只能错过投资机会
可能亏本	在那些传统理财方式中，银行理财产品的收益相对来说要稍微高一些，并且各个银行都有售，选择范围较广。但其也存在弊端，如银行理财产品也不一定很安全，可能会亏本，且投资时间长短不一，投资者需持续关注，否则每次投资之间会损失时间效益，总的年收益也不稳定

小贴士

传统理财方式安全性高，收益有保障，是很多稳健型家庭资产配置的首选。不过，现今投资渠道增多了，理财产品的数量也剧增，除传统理财方式外，目前还有一些低风险的理财方式可以选择，如余额宝、理财通等互联网"宝宝"类理财产品，这些理财方式也比较安全，收益也有保障，甚至在流动性及操作方面比传统理财方式略胜一筹，因此投资者不必"死守"那些传统理财方式。

1.1.3 银行理财也有风险，8件事要了解

大家最熟悉的理财平台莫过于银行，但是熟悉并不意味着足够了解。在购买银行理财产品时，许多人会将其视作定期存储，认为选择银行一定是安全的。但部分人不知道的是，投资理财并不是储蓄，银行理财产品也存在风险。投资者在选择投资时一定要留个心眼，在购买前至少要先弄清楚以下8件事情。

1. 银行理财产品也是会亏损的

近些年来，银行理财产品的市场异常火爆，原因有二，一是收益率远高于定期存款，二是投资者对银行非常信任。

投资者需要明白的是，要想保证理财产品的稳赚是不可能的，有的理财产品到期时，不但得不到预期收益，甚至连本金也无法保证。

小贴士

> 选择银行理财产品时，不要只盯着收益率。实际上，许多产品由于存在"猫腻"，投资者最终到手的收益和银行宣传的大不相同。

2. 募集期有玄机

一般情况下，银行会声称银行理财产品在资金募集期与清算期不享有收益，是按活期存款利息计算的。如果投资者买入的时间比较早，而该产品的募集期与清算期又比较长，那么实际收益率就会被拉低。

比如，某银行推出的一款预期收益率高达5.5%的1个月期限理财产品，从1月28日开始销售，2月10日才结束募集，2月11日起算利息。也就是说，购买的这款产品，空档期是13天。这13天空档期，就"摊薄"了购买者的实际理财收益。

3. 产品评级不一定靠谱

在产品说明书中，我们经常可以看到相关的风险评级，比如某银行一款产品就在说明书中显示为PR2级（稳健型），其实这都是银行自己评定的，并没有经过第三方机构，意义不大。

不仅理财产品的风险评级本身不可靠，而且银监会明确要求银行必须进行的投资者风险测评，许多银行也只是走过场。

4. 风险提示要看清楚

银行会按照相关部门的要求，在银行理财产品说明书与合同上对风险提示做相关表述。对于这些风险提示，投资者要看清楚。

5. 关注资金去向

理财产品的资金投向直接和产品的风险挂钩。投资者在看产品说明书时，必须关注资金投向。

如果资金投向是债券回购、存款、国债、金融债、央行票据等，则这样的理财产品风险就比较低；如果资金投向是股票、基金等，则这样的理财产品风险就偏高。

6. 不触碰带有"霸王条款"的产品

在某些银行理财产品说明书中，一些设计条款明显偏向银行，将投资者的收益"榨干吸尽"。所以，投资者要当心这类理财产品，尽量不要去触碰。

比如，在某些结构性理财产品的说明书中，一概规定"超过预期年化收益率的最高部分，将作为银行投资管理费用"。

7. 看清产品是银行自发还是代销

在银行渠道中，大部分银行理财产品都是银行自发的，但也不排除银行作为代理销售其他理财产品的可能。

比如，某些银行理财产品的说明书中，会明确写"银行作为投资者的代理人……"这样的声明。对于银行只承认是代理或委托关系的理财产品，如果出了事，那么银行是不会负责的。

凡是银行自发的理财产品，在产品说明书中都会有一个以大写字母"C"开头的14位产品登记编码，只要在中国理财网的搜索框内输入该登记编码，就可以查询到对应的产品。如果查询不到，则说明不是真正的银行理财产品。

8. 隐形费率要当心

和明面上的手续费相比，银行理财的"隐形费率"问题更加突出。

许多银行理财产品的说明书中会显示，理财产品预期收益率计算公式是"理财计划预期投资收益率 - 理财产品销售手续费、托管费的费率"。

◆ **理财案例**

周唯购买了一家银行的某款理财产品。看理财产品说明书时，令周唯感到开心的是，这款理财产品的预期最高收益可达10%。由于受到高收益的影响，周唯一次性购买了10万元的该理财产品。

万万没想到，这款预计年收益高达10%的理财产品，在合同到期之后，银行公布的实际收益率只有0.039 6%。也就是说，周唯投资了10万元，最终获得的收益只有39.6元。

对此，周唯感到很愤怒，他觉得自己被银行欺骗了。如果把这10万元现金存入银行做一年期的定期存款，那么一年收益最少也有4 000元。但是10万元到了银行理财产品的账户之后，怎么收益率会这么低呢？

愤怒的周唯联系了当时销售该产品的银行工作人员，但却被对方奉劝多看一下购买协议，因为协议上明确写着："预期收益不等于实际收益。"

> **案例启示**
>
> 　　目前，像周唯这样购买了理财产品，收益远低于"预期"的投资者还有很多。许多投资者并不清楚预期收益和实际收益的区别，认为基金管理公司与银行宣称的预期收益，就是能够放入口袋中的收益，没有看到预期收益与实际收益之间的区别。
>
> 　　在投资理财中，了解预期收益非常重要，它是进行投资决策的关键输入变量。如果估计不好预期收益，那么就不要考虑接下来的买卖决策和投资组合了。预期收益不仅对投资者来说非常重要，对于公司管理者而言，也同样重要。因为公司股票的预期收益是影响公司资金成本的主要因素，关系到公司以后选择怎样的投资项目。

1.2 互联网理财

　　当下，互联网理财成为大众理财、财富增值的主要渠道之一。在互联网时代，快捷、方便是生活之必需，互联网理财不仅满足了社会需求，在收益上也比银行更上一层楼。因此，对于追求财富增值的投资人群而言，更愿意去接受收益远高于银行的互联网理财。

1.2.1 互联网理财入门

　　据中国互联网络信息中心（CNNIC）发布的《中国互联网络发展状况统计报告》显示，截至 2017 年 8 月，我国网民规模达到 7.4 亿人。其中，我国手机网民规模达到 6.8 亿人，互联网已经成为人们生活的一部分。

　　而随着我国经济的快速发展和居民收入的逐步改善，资产型收入占家庭收入的比例逐渐攀高，国内家庭的理财结构也呈现出相应的变化。互联网理财，顾名思义，是指通过互联网管理理财产品，获取一定利益。

　　互联网理财因其低门槛、收益稳健和操作简便的特点，开始受到更多用户的关注。互联网理财十分贴合大众的理财需求，可谓生逢其时，自诞生以来发展势头就十分迅猛。

　　截至 2017 年 8 月，我国购买互联网理财产品的用户达到 1.4 亿人，同比增长 28%。未来，互联网财富管理将会是一个不可逆转的时代趋势。互联网金融龙头企业蚂蚁金服旗下的余额宝规模达 1.56 万亿元，不仅接近了中行个人活期存款的 1.8 万亿元，且已经超过了招行、中信、浦发和民生这四大全国性商业银行的个人活期存款总和。余额宝过去两年的规模变化如图 1-1 所示。

图 1-1　余额宝过去两年的规模变化

互联网金融发展异常抢眼，首先要得益于人群结构的变化，目前消费、理财等不同方面都在迅速年轻化。年轻群体的稳定增长，带来的是更新的观念和模式，这类人群熟悉互联网操作，接受新鲜事物的能力较强，因此凭借互联网技术起步的互联网理财急速蹿高。

现在，超过 80% 以上的互联网用户都认可互联网理财这个新兴事物，而且这已经成为人们现实生活中的一个热点。

1.2.2　互联网理财的优势与风险

1. 互联网理财的优势

互联网理财的优势有哪些？这个问题绝大部分人都不知道，即便知道，也只是片面性的了解。在此，我们为投资者完整地解读一下互联网理财的优势，让投资者进行投资的时候，更加清晰明了，如表 1-3 所示。

表 1-3　互联网理财的优势

优势	说明
收益高	互联网理财相对于传统理财最大的优势就在于收益高。互联网具有长尾效应，通过互联网渠道可以在很短的时间内聚合大量的投资资金和资金需求者，这就让互联网理财平台的运营成本非常低，进而使产品有很高的收益。 任何业态都有自己的特殊特性，互联网业态的特殊性决定了互联网理财必然能提供高收益，这是传统理财业态永远无法做到的
成本优势	互联网理财服务与传统理财服务相比，节省了大量运营成本，使服务供应商能够不断提高服务质量和降低服务费用，最终使投资者受惠

续表

优势	说明
操作灵活	相比传统理财,互联网理财的第三个优势是操作非常灵活,进入门槛低,如余额宝、理财通等1元就可以投资,大大降低了大众进入理财领域的门槛。 除进入门槛低外,互联网理财的资金退出也很灵活。互联网理财产品的投资周期非常短,一些产品可以随时赎回,部分产品投资周期为半个月、一个月,这也是吸引大量普通人进入互联网理财的一个重要因素
便捷	互联网理财的各种操作都是在互联网上进行的,特别是移动互联网。从了解产品到开户、购买产品,再到产品获取收益、赎回,这一切流程均可以在手机上操作,非常便捷,极大地节省了投资的时间成本
信息优势	互联网的信息优势主要体现为信息传播迅速、广泛。选择互联网理财,投资者可以通过网络轻松掌握各方面的财经信息

> **小贴士**
>
> 正是互联网理财的这些优势,才让互联网理财在诞生后的短短几年内迅速发展壮大,得到大众的认可。未来,互联网理财会进一步发展壮大,让理财成为人人都能参与的行为。

2. 互联网理财的风险

互联网理财在给众多中小投资者带来更多、更好的投资渠道等优势的同时,也存在相应的风险,如表1-4所示。

表1-4 互联网理财的风险

风险	说明
风险提示不足	风险提示是基金等理财产品在销售环节必不可少的一环。在有些网络理财产品中,风险提示却被放在了很不醒目的位置,一般不在主页出现,而是藏在二级或三级页面,有的甚至没有风险提示
网络安全风险	与传统商业银行有着独立性很强的通信网络不同,互联网金融企业处于开放式的网络通信系统中,安全性面临较大挑战
监管空白风险	网络理财金融仍是新生事物,相关监管尚需完善,很多网络理财产品不受相关管理部门的监控
收益率波动风险	网络理财的各种"宝宝"自推出以来,收益率每日都有不同程度的波动,且普遍出现了不同程度的下跌
法律欠缺风险	一直以来,金融机构经营和销售理财产品有着严格的监管,一是为了防范出现系统性风险,二是为了保护投资者权益,而我国尚未有健全的互联网金融法律体系。因此,加快相关监管政策的制定,完善相关配套措施,已成防范风险的当务之急

> **小贴士**
>
> 互联网理财产品虽然投资门槛低,但是购买互联网理财产品时一定要做好风险防范,这样才能保证自己的投资权益不受损害。

1.3　理财前的热身准备——奠定良好的理财观念

大家都知道在运动之前,一般都要进行一些热身活动,身体活动开才有利于运动,否则很容易让自己受伤。投资理财也一样,提前热身非常有必要。

良好的理财观念不仅会让你的理财道路更加顺畅,也会给你的生活带来更多的益处。

观念一：工资高并不一定生活水平高

很多人都希望自己不停地涨工资,能够有更多的收入,以为工资高就可以过上高质量的生活。事实上,虽然有的人收入提高了,但相应的消费也更多了,如随意购买不需要的东西,从而使生活质量比以前更低了。长此以往,就会形成一个"工资越高,生活质量反而越低"的怪圈。因此,如果你希望跳出怪圈,就应该养成良好的理财习惯,减少一些不必要的花费。

观念二：存款要"活"起来才有用

很多人为安全起见选择了存款,拿着较少的利息,就像坐拥金山,但却将其变成了一座死山。如果将钱拿来投资,可能一开始不会赚很多,甚至还可能出现亏损,但水滴石穿、积沙成塔,时间长了,就会有较好的收获。更何况,在这个过程中你还可以不断提升自己的投资能力。

观念三：投资有风险，一定要谨慎

没有风险的投资是不存在的,即便是银行存款,也会因货币贬值、通货膨胀而产生资产缩水的风险。因此,加强风险识别能力与抗风险能力是每个理财人必修的课程。

其实,投资理财并不难,只要具备了稳定的资金来源、成熟的理财规划、长时间的坚持这三个条件,就可以放心踏上投资理财这条路。

◆ **理财案例**

30岁的李女士在一所中学任高级教师,每月收入有5 000元,另外有五险一金;其丈夫在一家国企上班,月收入为8 000元,也有五险一金。两人暂时没有孩子。

目前家庭总资产有9万元,其中活期存款5万元,定期存款4万元;房产60万元;汽车及其他20万元。从目前状况来看,李女士一家已经迈入了令人欣美的"中产阶级",能够悠闲享受生活。但是李女士和丈夫都是不安于现状的人,他们想要过更高水准的生活,于是夫妻两人针对家庭财务状况进行了认真的分析。

从现在的家庭收入和资产状况来看，两人收入稳定，无负债，收入来源绝大部分都是工资，支出方面也大多是固定支出。从年度结余的角度来看，除固定开支外，大概还有9万元的结余，收支比例在合理范围内。生息资产全部都是银行存款，安全性高，但是依照现在的通货膨胀速度，两人所能获得的实际收益率很可能是负数。由于并没有通过负债的财务杠杆功能来扩大资产规模，因此显得有些保守，无法实现更高的理财目标。所以，李女士与丈夫经过仔细研究之后，为了提高资产收益，两人制定了一份比较全面的理财规划。

- 现金规划：继续坚持储蓄，活期存款为3万元；定期存款为5万元，存期为5年，到期后续存。
- 保障规划：因高中教师的福利待遇齐全，并且有保障，所以只需要对家庭保障不充分的部分予以适当补充，因此定期寿险与意外保险要适当选择。
- 出国深造计划：人力资本的升值远大于机会成本，而出国深造的目的就是为了提高人力资本价值。因此，尽量争取学校的带薪深造，并且越早越好。
- 养老规划：养老基金应该提前做好准备，时间越长，复利越惊人。假如每个月按3:5:2的比例投资2 000元在成长型基金、指数型基金、债券型基金上，预期收益率可达8%，那么30年后，可获得养老金约294万元。即使把通货膨胀的因素考虑在内，养老基金加上退休金也可以保证两人有较高的生活品质。

案例启示

积极主动地为家庭做理财规划，就是为家庭建立一个更加独立、安全、自由的财务生活体系，实现个人及家庭各阶段的梦想，早日实现财务自由！随着中国经济的迅速发展，人民生活水平的提高，理财意识也越来越受到人们的重视，因此，制定一个好的理财规划，提前热身非常有必要。

1.4 理财，你一定要懂的几个常用名词

做事情前了解一定的理论知识，再进行实践就会事半功倍。投资理财也是这个道理，许多人专注于投资理财实战，却对投资理财时遇到的一些基本金融常识一无所知，而这往往也就是为何有的人像劳模一样勤勤恳恳地投资理财，却没有多大收益的原因。以下是投资理财中经常出现的10个金融专业词汇，希望理财人多掌握一些，在投资理财的过程中轻松玩转互联网金融。

1. 影子银行

影子银行一般是指那些有着部分银行功能，却不受监管或少受监管的非银行金融机构。简单来说，影子银行是那些可以提供信贷，但是不属于银行的金融机构。

在中国，影子银行主要包括信托公司、担保公司、典当行、地下钱庄、货币市场基金、各类私募基金、小额贷款公司及各类金融机构理财等表外业务、民间融资等。影子银行的特征表现为机构众多、规模较小、杠杆化水平较低，但发展较快。

2. 热钱

热钱，又称为游资或投机性短期资本，通常是指以投机获利为目的快速流动的短期资本，其进出之间往往容易诱发市场乃至金融动荡。

热钱的投资对象主要是外汇、股票、贵金属及其衍生产品市场等。

热钱的特征如下：

（1）高收益性与风险性。

（2）高信息化与敏感性。

（3）高流动性与短期性。

（4）投资的高虚拟性与投机性。

3. 市盈率和投资回报率

市盈率是指在一个考察期（通常为12个月）内，股票的价格和每股收益的比率。投资者通常利用该比例值估量某股票的投资价值。

一般来说，市盈率的倒数就是投资回报率。一只股票，如果市盈率是25倍，那么投资回报率就是4%。在这种情况下，是跑不过通货膨胀的速度的，因为需要25年才可以回收投资。

4. 离岸金融

离岸金融是指以自由兑换货币为交易媒介，非居民（境外的个人、法人、政府机构、国际组织等）参与为主，提供结算、借贷、资本流动、保险、信托、证券和衍生工具交易等金融服务，且不受市场所在国和货币发行国一般金融法律法规限制的金融活动。

离岸金融的主要业务是吸收非居民的资金并且服务于非居民融资需要，因此被形象地比喻为"两头在外"的金融业务，所形成的市场称之为离岸金融市场。目前，我国的离岸金融业务还处在探索起步阶段。

5. 金融脱媒

金融脱媒指资金供给绕开商业银行等媒介体系，直接输送到需求方和融资者手里，造成资金的体外循环。比如，企业直接在市场发债券、发股票或者短期商业票据，而不是从商业银行取得贷款。

从融资方式来看，金融脱媒是社会融资逐渐由间接融资向直接融资转变的过程。应该说，金融脱媒现象是我国市场经济与国民经济发展的客观规律，是政府推动金融市场创新发展的必然趋势。

6. 企业债与公司债

企业债与公司债的区别如表1-5所示。

表1-5 企业债与公司债的区别

不同点	区别
发行主体	公司债是由股份有限公司或有限责任公司发行的债券；企业债是由中央政府部门所属机构、国有独资企业或国有控股企业发行的债券
定价	公司债采用核准制，由证监会进行审核，由发行人和保荐人通过市场询价确定发行价；企业债则是由发改委审核
发行	公司债可一次核准，多次发行。根据证券法规定，股份有限公司、有限责任公司发债额度的最低限分别约为1 200万元与2 400万元。企业债审批后要求一年内发完，发债额不低于10亿元
信用	公司债的信用来源是发债公司的资产质量、经营状况、盈利水平等；企业债通过"国有"机制贯彻了政府信用，而且通过行政强制落实担保机制，实际信用级别与其他政府债券相差不大

7. 银行间同业拆借市场

同业拆借市场，亦称同业拆放市场，是指金融机构之间以货币借贷方式进行短期资金融通的市场。通俗地讲，就是金融机构间互相借钱的市场。

8. 银根

银根常被用来借喻中央银行的货币政策：中央银行为了减少信贷供给，提高利率，消除因为需求过旺而带来的通货膨胀压力所采取的货币政策，称为紧缩银根。反之，为了阻止经济衰退，通过增加信贷供给，降低利率，促使投资增加，带动经济增长而采取的货币政策，就是放松银根。

9. OTC

OTC是场外交易市场，又称为柜台交易市场，泛指在交易所之外进行交易的市场。OTC没有固定的场所，没有规定的成员资格，没有严格可控的规则制度，没有规定的交易产品与限制，主要是交易双方通过私下协商进行的一对一的交易。

在 OTC 市场交易的是未能在证券交易所上市的证券。在我国建立柜台交易市场，可以为数百万计达不到上市条件的企业提供股权交易平台，有利于中小企业发展，也有助于我国形成一个多层次的资本市场。

10. 去杠杆化

所谓杠杆，从狭义上讲，是指资产与股东权益之比。从广义上讲，是指通过负债实现以较小的资本金控制较大的资产规模，从而扩大盈利能力或购买力。

所谓"去杠杆化"，是指公司或者个人减少使用金融杠杆，将原来通过各种方式"借"到的钱退还出去。

理财是一种综合性行为，虽然这些金融政策模式等貌似距离理财新人很远，但是这些金融术语经常出现，是投资理财过程中必须要知道的理论知识。只有透彻掌握这些金融词汇，才可以让投资更加得心应手，降低风险。

1.5 一定要懂的投资理财"三三定律"

理财的目的是让财富更快、更稳定地增值，但凡事不仅需要实践，还要讲求一定的规律，那么投资理财应该按照怎样的规律进行实践呢？首先要做到如表 1-6 所示的三点。

表 1-6 投资理财实践的三点规律

节约	常常有人抱怨没有可用于投资的钱，其实不然，只要注意节约，学会省钱，同样可以拿出资金来投资。要想富裕，人们总要做出取舍，所以一些比较浪费钱，或者不值得去做的事情应该主动舍弃，节约资金用来进行投资和理财
计划	做到了节约，就会有一定的资金。而有了资金，就可以理财了。这时候就需要考虑如何规划投资。理财的方式有很多种，可以根据风险和收益进行配比。 固定收益类理财产品投资风险比较低，而股市类的投资风险比较大，但收益相当可观，做好股市的配比投资也是计划中非常重要的一部分。 对于投资者来说，不同的投资种类各具优势，分清风险主次，做到有的放矢、科学规划，才能在综合收益上获得较高的净增值
理性	理性投资，说起来容易做起来难。不过，向理性靠近还是可以做到的。对于新手投资者而言，要想避免大面积的投资失败，就不应该一味只追求高收益，也不要过于跟风散户去投资，同时不能过于集中投资。另外，投资者应该合理地预期投资收益、理性地分配资金，最终才可以较好地达成目标

其次，还需要修炼如表 1-7 所示的三点。

表 1-7 投资者需要修炼的三点技能

知识的修炼	作为投资者，不可忽视对金融知识、投资知识的学习与积累，即使专业机构也一样，建议平时多了解财经与投资资讯
信息平衡的修炼	有的人非常相信某些机构的判断，或者倾向于听信某些专家的判断，但是话说回来，机构或人都是会犯错的。因此，投资者需要在做决策时做到"信任"和"不信任"之间的平衡。对于信息，投资者要有自己的判断
心态的修炼	做投资是为了实现财务自由，从而过上更好的生活。而如果因为做了投资理财而整日诚惶诚恐，或者忙得影响了工作，那就得不偿失了。投资者应该把心态放稳，看得更远一些

以上就是投资理财中的"三三定律"，投资者可能无法完全做到，但如果能做到80%，对投资还是会有相当大的帮助的。

◆ **理财案例**

孙刚和朋友一起承包工程项目，年底时收回了一笔资金 60 万元。

由于年底，这笔钱暂时会闲置，但是两个月后，孙刚就要拿这笔钱投资新的工程项目。他本想将钱放到银行，但朋友告诉他目前央行降息，活期利息太低，放银行不划算，不如选择互联网理财，选择靠谱的大平台，投资"宝宝"类理财产品或者购买保本型的定期存款。

对比了各大互联网理财平台的优势和收益后，孙刚根据自己的投资习惯，最后选择了腾讯理财通的固定收益类定期存款。

案例启示

案例中，孙刚选择的是固定收益类定期存款，收益稳定并且保本，短期购买的利率远超过银行活期储蓄利率，也不影响资金两个月后的使用，是很好的投资理财计划。

1.6 投资理财提高幸福指数的 4 项法则

投资理财收益是家庭或者个人非常重要的一项收入组成部分，所以我们应该像呵护自己的孩子一样呵护投资资产。投资理财需要用心经营，不断从过往经验中吸取教训，这样我们才可能成为一个幸福的投资者。

幸福法则一：稳健投资，分散理财

选择相对稳健的投资工具，令自己的资产配置更加恰当，分散不同市场、不同投资产品及不同投资时间的风险，合理保持流动性，才是稳健的、通往幸福的致富之路。

对于大多数人，特别是投资经验还不是很丰富的人，不妨选择稳健的投资理财方式。

幸福法则二：资金来源合法、合理

用于投资理财的资金来源一定要合法、合理，这样才可以在投资产生正常波动时，保持心态平和。如果用典当、抵押、贷款，甚至是高利贷途径获取的资金来投资，那么其背后必将包含投资者对超额收益的疯狂预期，使投资变成了投机。如果紧张、恐惧等情绪一直伴随着投资者，那么又谈何通过投资理财带来的幸福感呢？

幸福法则三：追求市场平均收益

投资者只有合理地设定预期，选择适合自己风险承受能力的投资品种，才可以实现风险可控，理性持续地获得投资收益。绝大多数投资者的收益都集中在市场平均值左右，真正可以获得远高于平均收益的人也只是少数人而已。因此，如果将自己的心态放得更平和，把追求市场平均收益率作为自己的目标，则往往更容易实现。

幸福法则四：用财富服务生活

金钱是人们提高生活质量的工具，掌握驾驭财富的能力，才可以让金钱更好地服务于生活。投资者应该让金钱成为自己忠心耿耿的仆人，而不是将其变成专横跋扈的主人。为了赚钱而赚钱，就偏离了投资理财的真正目的与意义，在自己能够支配的财富基础上，充分驾驭这些财富，按照自己的实际能力选择相应的生活，才可以让金钱充分发挥它应有的价值，让生活变得更加美好。

投资理财是一件快乐并且需要长期坚持的事情，需要理财新人不断学习相应的知识技能，从经验中总结得失；投资理财也可以帮助投资者实现人生中很多阶段的目标。但是有一点一定要谨记，投资理财的最终目标是为了提高自身的幸福感。

◆ 理财案例

对于自己工资卡中的闲钱，周翔一般采取的配置方法是：30%用于购买银行理财产品、30%用于活期存款、40%进行定期存款。通过计算分析，周翔认为，工资卡中的闲钱，如果不管不顾，那么就只是活期存款，利息很低，每年只有0.35%。

如果把其中的40%转为定期存款，那么收益是活期的8倍以上，同时配置购买银行理财产品、活期存款等，既保证了流动性资金的使用，又大大增加了收益，并保证了极大的安全性。

对于自己工资卡中的闲钱，齐皓采取零存整取、定期储蓄、货币基金等方式组合的配置方法，在每个月固定转存一定的金额，并且与银行约定一年后到期一次性支取，利率为2.85%（2016年）。同时，为了增加现金的流动性，齐皓打算接下来改为每月定存。

展晖拿近年来工资卡里的8万元闲钱购买了银行理财产品，利率高于同期的定存。

他平时还喜欢投资股票、购买基金等，主要目的是保证现金的流动性，同时又不让资金闲置。

樊宇是一家大公司的白领，每个月有 6 000 元的收入，他在工资卡的同一家银行办理了一张信用卡，主要用来日常消费，同时他还把工资卡中的剩余资金用来抵交房贷，充分利用了卡里的资金余额。

---案例启示---

不同的人对工资卡中的闲钱有着不同的用途和规划，但是不管怎样，投资者都需要谨记，一定不能让资金闲置，应该充分利用起来，选择适合自己的理财方式，就算无法做到以钱生大钱，也不能让钱躺着贬值。

1.7 不同理财性格选择不同理财产品

俗话说，"性格决定命运"，理财同样如此。每个人的不同性格决定了不同的理财方式及风险偏好。

1.7.1 测一测自己属于哪种理财性格

为了便于您了解自身的风险承受能力，选择合适的投资产品和服务，请填写以下风险承受能力评估问卷。下列问题可协助评估您对投资产品和服务的风险承受能力，请根据自身情况认真选择。评估结果仅供参考，不构成投资建议。为了及时了解您的风险承受能力，我们建议您持续做好动态评估。我们承诺对您的所有个人资料保密。

1. 您的年龄处于（ ）。
  A. 28 岁以下 B. 28～35 岁 C. 36～45 岁
  D. 46～60 岁 E. 60 岁以上

2. 到目前为止，您已经有多长时间的互联网理财经验？（ ）
  A. 3 年以上 B. 1 年以上～3 年 C. 7～12 个月
  D. 3～6 个月 E. 少于 3 个月

3. 您预计进行互联网理财的资金占家庭现有总资产（不含自住、自用房产及汽车等固定资产）的比例是（ ）。
  A. 70% 以上 B. 50%～70% C. 30%～50%
  D. 10%～30% E. 10% 以下

4. 您的投资经营可以被概括为（　　）。

A．无：除银行活期和定期储蓄存款外，基本没有其他投资经验

B．有限：购买过国债、货币型基金（余额宝类）等保本型产品

C．一般：有购买证券或非保本金融理财产品的经历，如基金、信托产品等

D．丰富：是一个积极和有经验的投资者，有证券、期货等投资经验并倾向于自己做出投资决定

E．非常丰富：是一个非常有经验的投资者，参与过权证、期货或创业板等高风险产品的交易

5. 您是否有过投资失败的经历？如果有，遭受的损失是多少？（　　）

A．否

B．最大本金亏损 5% 以内

C．最大本金亏损 5%～20%

D．最大本金亏损 20%～50%

E．最大本金亏损 50% 以上

6. 做出一项投资决定后，您通常会觉得（　　）。

A．很高兴，对自己的决定很有信心

B．轻松，基本持乐观态度

C．基本没什么影响

D．比较担心投资结果

E．非常担心投资结果

7. 如果您有机会通过承担额外风险（包括本金可能受到损失）来明显增加潜在回报，那么您（　　）。

A．不愿意承担任何额外风险

B．愿意动用部分资金承担较小的额外风险

C．愿意动用部分资金承担较大的额外风险

8. 假设有两种不同的投资：投资 A 预期获得 5% 的收益，有可能承担非常小的损失；投资 B 预期获得 20% 的收益，但有可能面临 25%，甚至更高的亏损。您将您的投资资产分配为（　　）。

A．全部投资于 A

B．大部分投资于 A

C．两种投资各一半

D. 大部分投资于 B

E. 全部投资于 B

9. 您是否有过互联网投资经历？对于您所投资项目的安全性，您认为（ ）。

A. 暂未进行过互联网理财

B. 低，对所投资平台或项目了解较少，抱着试试看的态度

C. 中，对所投资平台或项目有一定了解，认为收回投资本息问题不大

D. 高，对所投资平台或项目非常了解，相信一定能够收回本息，风险极小

E. 不属于前述选项，但一定能收回本息

10. 当您进行互联网理财产品投资时，您的首要目标是（ ）。

A. 资产保值，不愿意承担任何投资风险

B. 尽可能保证本金安全，不在乎收益率比较低

C. 产生较多的收益，可以承担一定的投资风险

D. 实现资产大幅增长，愿意承担很大的投资风险

11. 您的互联网理财经历中有遇到过问题平台或问题项目吗？（ ）

A. 尚未投资

B. 无，总体盈利

C. 有个别，个人累计投资的平台数目较少，有亏损但能承受

D. 有个别，个人累计投资的平台数目极少，亏损严重

E. 有一些，亏损严重

风险承受能力评估结果对照表如表 1-8 所示。

表 1-8　风险承受能力评估结果对照表

	第1题	第2题	第3题	第4题	第5题	第6题	第7题	第8题	第9题	第10题	第11题
A	7	1	9	1	1	9	1	1	1	1	3
B	9	3	7	3	3	7	5	3	3	3	9
C	5	5	5	5	5	5	9	5	5	5	7
D	3	7	3	7	7	3	-	7	7	7	1
E	1	9	1	9	9	1	-	9	9	-	5

累计得分结果与不同风险承受能力类型如图 1-2 所示。

1～24分 保守型：此类投资者对于投资产品的任何损失都不愿意接受，甚至无法承受极小的资产损失，属于风险厌恶型的投资者。对于这类投资者来说，首要目的是保证投资的稳定性和资产的保值，投资方式主要应以银行储蓄为主。

25～36分 相对保守型：此类投资者主要关注本金的安全，往往是稍微有些风险厌恶型的投资者，首要投资目标是资产一定程度的增值，为了获取一定的收益，可以承受少许的资产波动与本金损失风险。如果参与互联网理财，建议选择利率较低的、安全性较高的产品，如银行系、上市公司系、保险系等。

37～72分 稳健型：此类投资者愿意承担一定程度的风险，主要强调投资风险与资产增值之间的平衡，为了获取一定收益，可以承受一定程度的资产波动风险与本金亏损风险。如果参与互联网理财，建议先深入了解并逐步增加投资本金，谨慎选择利率偏高、运营周期不长的新平台。

73～86分 相对积极型：此类投资者的主要投资目标是实现资产增值，为实现目标往往愿意承担相当程度的风险。此类投资者可以承受相当大的资产波动风险与本金亏损风险。建议对所投资的互联网平台保持关注，做好投资本金的分散并及时调整策略，以规避可能遇到的风险。

87～99分 积极型：此类投资者可以承受投资产品价值的剧烈波动，投资目标主要是取得超额收益，为实现投资目标愿意冒更大的风险。此类投资者可以承担相当大的投资风险与更大的本金亏损风险。参与互联网理财时应规避常见的重大风险，如盲目跟风、集中投资等。

图 1-2 累计得分结果与不同风险承受能力类型

1.7.2 投资理财不拼人品拼心态

现在越来越多的人在平时工作之余，开始注重自己的资产理财。但是为什么有很多人理财，最后真正有成效的却非常少呢？其原因就在于心态，有些人太过于急于求成，稍有亏损就立即回撤资金，看到收益升高就立即加大资金的投入。急于求成、缺少耐心，这样的理财心态都过于畸形，无法做到从容理财。

心态决定成败，在投资理财时不可抱有侥幸心理。一些心存侥幸之人，往往疏于了解具体的理财产品，也不愿意深入分析市场，赚得糊里糊涂，亏得也不明不白。一旦市场出现变化，也不会及时调整策略，而是主观上一厢情愿地认为变化对自己有利。

与其相反的一种心理是害怕亏损。趋利避害乃人之常情，科学研究表明，在经济活动中，人们首先考虑的是"避害"，其次才是"趋利"。但如果一味地害怕亏损，则投资理财往往表现为畏首畏尾，错失良机。那么，如何拿捏其中的平衡点，活得洒脱一点呢？关键就是要培养足够的眼界，学会审时度势，同时培养良好的心态。

理财"保守为王"的时代已经过去了，该出手时就要勇敢出手，这样才能实现收益最大化。炒股的收益比较高，但是风险也很大，稳妥起见，还是建议初入门的理财者以收益稳定的互联网理财产品为主。

小贴士

投资理财拼的不只是资金、知识、技巧，更是拼谁心态更好。投资理财不应该盲目跟从，而应该在充分考虑后做出决定，从而尽量避免遭受经济上的损失。

◆ **理财案例**

45岁的邹先生在网上看到一则投资基金的广告，称购买了该基金，确认后第二天就可以返利，每天按照投资金额的5%～10%返利。高额收益令邹先生十分心动，他按照网站上留下的联系方式和对方取得了联系，并在线下汇款1万元。几天之后，邹先生果然收到了对方承诺的每日返利。于是邹先生放松了警惕，决定继续给对方汇款，但没想到继续投资10万元后这家网站突然关闭了，剩余的几千元钱和新投入的10万元都不翼而飞，邹先生随即报案。

案例启示

面对高息，投资者一定要小心，切不可存有侥幸心理。在上述案例中，基金每天按照投资数额返利5%～10%是明显不可能做到的。一般来说，基金不会每天返利，每天计息的货币基金收益也没有这么多。

1.7.3 成功投资理财需要这五大特质

人们选择把钱拿出来进行投资理财活动，目的就是为了让资产可以更好地保值、增值。然而，很多时候，并不是投资者怎么想，事情就会按着投资者所想的那样发展，因为有很多主观与客观因素会在有形与无形中阻挠投资者取得成功。

从客观上来讲，国家的经济政策、市场的发展趋势等都是影响投资者能否在投资理财上获得成功的因素。从主观上来讲，投资者是否具备如下五大特质，可以直接决定其投资理财是否成功。

1. 果断

当断不断，必受其乱。投资市场变化迅速，有时候稍有犹豫，就可能会导致亏损。比如股票市场，如果投资者不时刻关注股市的行情变化，那么很可能上一刻还在上涨的股票，下一刻就会下跌，此时如果不做出正确的选择，根据行情变化选择继续持有还是抛出，就可能会导致亏损。因此，在进行投资理财活动时，果断是投资者最应该具备的一个特质。

2. 自知

人贵自知，无论做什么事情，对自己的能力要有一个清楚的了解，这样才能更好地取得成功。在投资理财方面尤其如此。如果不能对自己的投资理财能力、资金风险承受能力与投资偏好有一个具体的了解，就会导致自己在选择投资方式时产生错误。比如，明明是普通工薪族，可以使用的投资资金不多，但却不去选择稳健投资，而是偏爱尝试股票这种高风险投资，岂不是飞蛾扑火的行为吗？

3. 知彼

正所谓"知己知彼，百战不殆"。在进行投资理财时，投资者不仅要对自己的资产状况、风险承受能力与投资偏好有一个详细的了解，还需要对所要投资的产品、投资的基本知识与操作技能有系统的认识，要知道自己想要投资的领域是什么、这个领域的市场现状是怎样的、它的投资和收益情况如何、有没有运行规律等，这些问题都是你应该了解的。只有对这些信息有一个详细的了解，才能实现真正的投资获益。

4. 自信

相信很多投资者在炒股时都有过这样的经历，一只自己看好的股票突然下跌，身边的朋友都将其抛了出去，自己本来还想再等等看，但看到朋友都做了这样的选择，也赶紧跟风抛出。结果发现这只股票又回升了，再买入时股价上涨了。此时，就算损失不少，也只能把苦水往肚子里咽了。跟风投资或抛出，都是自己不自信才做出的选择。

小贴士

在进行投资理财活动时，最忌讳"墙头草，两边倒"的行为表现。如果自己有一定的判断力，在做出选择后，最好就不要再轻易被别人的意见所动摇，毕竟别人懂得的东西不一定比你多。

5. 反思

古人云："知错能改，善莫大焉。"要想在投资理财上获得成功，首先要学会反思自己。如果投资者可以及时认识到自己的错误，并且可以改正，就会减少很多不必要的损失，并且在之后的投资活动中，避免犯相同的错误。

机会只留给有准备的人，要想获得成功，就要做好充足的准备。除克服客观困难外，也要处理好主观因素方面的问题。

◆ 理财案例

2012年8月，某公司通过各大搜索引擎、视频网站、理财论坛的强势广告宣传，一夜之间成为热衷互联网理财的投资者关注的焦点。该公司谎称总部在英国，分公司在中国香港，利用超高利息吸引了2万～3万投资者的上百亿元资金。2013年9月，该公司突然关闭网站，客户资金被全部冻结，投资者的资金都打了水漂。

案例启示

对于投资者来说，以下三类互联网理财平台要谨慎投资：收益远超过市场正常收益水平的；要求款项汇至个人账户的；宣称来自国外的理财平台。投资者对国外的平台不熟悉，平台真伪很难判断。投资者切不可抱有侥幸心理，应对平台进行充分了解，再投入资金。

1.7.4 保守型投资者应如何投资及需要注意的问题

人的性格、自身资产的多少及周围人群的相互作用都会对一个人的投资行为产生影响。根据这些影响作用程度的不同，一般可以将投资者划分为保守、稳健、进取、激进等多种类型。不同类型的投资者投资风格不一样，但每种类型的投资者都有自己的优势、劣势，以及在投资理财时遇到的一些问题。

1. 过于保守

从长远来看，保守型投资者因为性格原因更有可能在投资理财方面取得成功。但如果过于保守，则会离成功越来越远。

过于保守的投资者常常更倾向于把所有资金都存在银行，因为他们觉得任何理财平台、金融机构都没有银行安全。

不过，存定期的话还能理解，但是有部分投资者把钱都存银行活期，实则就是不参与投资理财，认为这样就可以规避风险。然而事实却是，即便如此，也逃脱不了通货膨胀带来的资产缩水风险。

2. 犹豫不决

保守型投资者在决定配置某一种理财产品之前会深思熟虑，好好思考一番，这其实并没错。但是如果考虑时间过长、犹豫不决，那问题就出现了。

这样的投资者常常对市场未来的走势分析得头头是道，也可以判断出某些投资产品将来是涨是跌，并且后来被证实基本是对的。但是在当时他就是犹豫不决，越犹豫心里越没底，还会怀疑之前的判断，最后错过投资的好时机。

3. 过度依赖他人建议

不管是哪一种类型的投资者，都会有过度依赖他人建议的人存在，而在保守型投资者中，这样的情况更加常见。

即便保守型投资者选择的产品一般风险不高，但是他们还是希望能听取别人的建议，看看到底哪一种产品既能风险低又可以获得更高收益。一旦有人先行试水并且提供了建议，自己如果觉得好，就会马上投入。

> **小贴士**
>
> 不经过自己研究与独立思考而跟风投资，很可能会错失其他更好的投资产品。

4. 投资风格转变过猛

随着财富的积累、收入的增减等因素发生变化，投资者的风格也会随之发生改变。比如，保守型投资者初始投资资金不多，就会希望以保本为主。一旦财富增多，可用于投资的钱越来越多，并且收入高而稳定，那么他很有可能想要涉猎风险更高的领域，获取更高的收益。

不过，这么做结局可能并不理想。如果从只存银行直接进入股市，风格转变太快，对市场又不熟悉，那么最后反而会亏损很多。因此，风格转变还得循序渐进才行。

◆ 理财案例

宋老爷子今年60岁，年轻的时候做一些小生意积累了一些财富，现在在家和老伴安享晚年，每月都有养老保险领取，生活十分顺遂。宋老爷子和老伴两人的养老积蓄都存在了银行，最近他的5年期定期存款要到期了，价值50万元，工作人员问他要不要续存，宋老爷子有些犹豫。最近他看到身边的亲戚朋友都在购买基金，每天当着他的面谈论，这让他很是心动。再加上自己和老伴年纪大了，经常容易生病，所以随时会用到这笔钱。另外，小儿子准备出国，他也想在自己能力范围内支援一下。

而在互联网上购买一些理财产品存取灵活，比存银行定期方便多了。

工作人员听了他的情况，建议他不要投资高风险的基金产品，以保本为主，同时可拿出 10 万元购买风险较低的货币基金，等到急需现金的时候，可以随时赎回。

案例启示

上述案例中的宋老爷子年纪大了，和老伴存的所有积蓄可以说是保命的钱，因此，对于风险性高的理财投资建议还是不要接触了。

1.8 理财新人解答：理财常见的错误认知

理财不是随意跟风，也不是"三天打鱼两天晒网"，应该根据每个人的自身情况，量身定制合理的理财计划，避免理财误区。很多人不会理财，甚至"越理越穷"，不仅仅是因为财商不够，很有可能是陷入了理财误区。

1.8.1 错误 1：理财就是投资

随着"投资""理财"被一起提及的频率越来越高，很多人都把投资和理财看作一回事，但其实投资与理财是有区别的。

许多人觉得理财就是投资，使手中的资产实现保值、增值。此话并不完全正确，严谨地说，投资只是理财的一个组成部分。

小贴士

根据经济学的定义，投资是指牺牲或放弃现在可用于消费的价值，以获取未来更大价值的一种经济活动。简单来说，某人的本金在未来可以增值或者获得收益的所有活动，都可以叫作投资。

投资的资金来源，既可以通过节俭的手段增加，如每月工资收入减去日常消费支出后的结余，也可以通过负债的方式获得，如借款，还可以采用保证金的交易方式以小博大，放大自己的投资额度。从理论上来说，投资额度的放大是以风险程度提高为代价的，遵循"风险与收益平衡"原则，即收益越高的投资，风险也越大。因此，任何投资都是有风险的，只不过大小程度不同罢了。

具体来说，家庭投资的主要成分包括金融市场上买卖的各种资产，如股票、基金、债券、存款、期货、外汇，以及在实物市场上买卖的资产，如金银珠宝、房地产、古玩、邮票，或者实业投资，如个人店铺、小型企业等。

理财相比投资就较为复杂些，要想成功理财，一般来说应该分为以下三个步骤。

1. 设定理财目标，回顾资产状况

理财第一步就是设定一个理财目标，可以是购房、买车、偿债，也可以是给孩子准备教育储备金、自身养老准备金等。理财目标需要从具体时间、金额等来定性、定量地厘清。知道自己有多少财可以理，是理财最基本的前提。对个人资产的回顾，主要是把自身资产按照有关类别进行盘点，包括金融性资产（银行存款、股票、基金、债券、保险等）、固定资产（房产、汽车等）。

2. 了解自己处于何种理财阶段

人生包括六个阶段：单身期、家庭形成期、家庭成长期、子女大学教育期、家庭成熟期及退休期。不同阶段的生活重心与所重视的层面不同，理财目标也会有一些差异，设定目标必须和人生各阶段的需求相配合。

3. 测试风险承受能力

风险偏好是所有理财计划中的一项重要依据，应根据自己的实际情况进行选择，不做不考虑任何客观情况的风险偏好假设。比如，有的人将自己的大部分资金都投入了股市，没有考虑家庭责任，此时，其风险偏好就有点偏离自身可以承受的范围了。

完成以上三步，就可以合理分配各种金融产品，最大限度地获取保障与增值了。

可见，理财活动包括投资行为，投资是理财的一个组成部分，理财就是投资理财。没有最好的理财方案与理财产品，只有最适合自己的理财方案与理财产品。

1.8.2 错误2：没钱不需要理财

钱少可以不理财吗？总会有人说："等有钱了再去理财吧，没钱不需要理财！"其实，真正会赚钱的人不会因为眼下暂时没钱而放弃将来成为"有钱人"的机会。一个懂得赚钱的人，不管有钱没钱都会进行投资理财。那么，没钱要怎么做投资理财呢？

1. 适当负债

适当的负债有助于增强手中资金的流动性，方便开展更多的投资理财活动。比如，如果想要购买一套房产，并且有足够的钱可以全额支付，但是一旦全额支付，就没

有任何可用资金了，那么应该选择全额买房，还是只付首付，合适比例地贷款呢？很明显，首付买房是更好的选择。为什么这么说呢？如果全额买房，那么意味着买完房之后，没有任何资金可用于投资理财，资金的流动性降低，收入会减少。但是，如果选择首付买房，那么买房之余，就可以留下部分资金，这些资金可用于理财获益。

2. 把小钱存起来

说起理财规划，相信很多人都知道"集小钱成大钱"的道理，但事实上，很少有人真正可以做到。究其原因，要么是想一夜暴富，瞧不上集小钱，要么是觉得存小钱见效太慢，难以坚持下去。其实，通过节省不必要的开支来集小钱成大钱，是一种很有用的攒钱方法，虽然见效慢一些，但只要坚持下去，总有"积沙成塔"的一天。

3. 用好自己的人脉

对于很多想要创业却没有创业资金的人来说，除上述方法外，借助父母、朋友的力量也很重要。如果可以在创业时找到一个志同道合又有钱的拍档，那就再好不过了。

> **小贴士**
>
> 利用人脉也要看自己有没有赚钱的能力和眼光，否则，即使是家人，也很难轻易借到钱。

4. 巧用信用卡做短期投资

对于月光族来说，信用卡的存在只是为了给超前消费买单，除此之外，没有其他功能。但是，真正懂得赚钱的人却可以利用信用卡进行投资理财活动。具体应该怎么做呢？众所周知，如果运用合理，信用卡都有一段50天左右的免息期。假如手里有两张信用卡，那么可以设置不同的结账日，采用"以卡养卡"的方式来拉长还款时间，这样就可以利用信用卡进行一些短期投资。比如，股市大好时，可以适当进行炒股获利。当然，这也需要信用卡的可用额度达到一定的数目才可以进行。

5. 抓住各种赚钱的机会

最后一点，也是最重要的一点，就是"机会只留给有准备的人"，有钱的时候需要准备，没有钱的时候更需要准备。要想获得赚钱的机会，除金钱准备外，能力准备也很重要。因此，不管有钱没钱，都应该时刻注意培养自身在人际交往、专业技能、洞悉商机等多方面的能力。除此之外，还需要时刻关注市场的动向。如此，才可以把握赚钱的机会。

1.8.3 错误 3：工资高不需要理财

那么，工资高、不担心吃穿住行的人需不需要理财呢？答案是唯一的，那就是需要。高收入家庭理财可按照如下步骤进行。

1. 房产投资

收入高并且有一定积蓄的家庭可以投资房地产。虽然当前房地产市场因为各种原因有些冷却，但确实是近十年来唯一一个让资产迅速增值的手段。当前，如果把手里的闲置资金拿出来投资在房地产上，则需要具备较好的眼光，把握住机会，才能有较好的收益。

2. 准备教育储备金

无论收入高低，建议每个家庭都要适当留出一部分资金作为孩子的教育基金。父母是孩子最好的投资方，好的教育投资可以令孩子以后的前途不可限量，准备教育储备金是不可替代的。

3. 掌控资金，学会记账

高收入家庭理财应该注意对资金的掌控。如果当地房价已经涨幅太大，那么就不能着急投资购房，应关注房价走势是否回落，同时也可以进一步提升购房能力。每个城市都有其房价特点，而且和当地政府的态度也有相应的关系，投资者决定是否投资购房应该因地而异、因时而异。

> **小贴士**
>
> 除掌握自身资产外，高收入家庭也应该学会记账，知道自己的资金都流向哪里了，然后开始存钱。

高收入家庭理财可以通过以上规划，解决家庭未来在财务方面的问题。当然，好的理财规划关键在于好的执行，养成良好的、持续的理财习惯才是最重要的。

◆ **理财案例**

从前有一个地主要出趟远门，他把三个家仆叫到跟前，每人给了一锭银子，让仆人去做一点小买卖。过了一段时间，地主回来了，问三人的收获。第一个人赚了十锭银子，地主很高兴，大赏。第二个人赚了五锭银子，地主也很高兴，赏赐了他。到了第三个人，却一分钱没赚，地主很不高兴，问他原因。第三个人说，自己怕弄丢这么多钱，就拿包袱裹起来，藏到了地窖里。地主把前两个人赚的钱都赏赐给了他们，却没收了第三个人的一锭银子。

―案例启示―

"你不理财,财不理你。"钱放在地窖,无法产生任何效用。只有善于理财,才能运用手中的财富创造更多财富。

1.8.4 错误4:购买银行理财产品安全又赚钱

很多人都觉得购买银行的理财产品是最安全的,可以放心大胆地买。事实上,理财产品如果没有承诺保本,即便是银行的理财产品,也有可能出现亏损。以下是购买银行理财产品时应该注意的事项。

1. 是银行自营产品还是代卖

首先应该弄清楚购买的产品是银行自营的理财产品还是代卖的。一些银行员工为了赚取差价,私底下对顾客出售非银行自营的,而是第三方机构,如信托、保险、基金等公司发行的理财产品,这一类产品的风险性要比银行自营的大得多。并且一旦出现问题,银行常常会把责任推给某个工作人员,表示和银行没有关系,到时候投资者连个说理的地方都找不到。所以,用户在购买银行理财产品时,一定要弄清楚银行的理财产品出自哪里。

小贴士

银行自营产品在说明书中一般都会有一个以大写字母"C"开头的14位产品登记编码,看清楚合同发行方是否为银行,再鉴别银行自营产品。

2. 预期收益率代替实际收益率

购买银行理财产品时,银行工作人员会告知预期收益率有多高,一般可达6%~9%,非常诱人。高额的预期收益率,会让投资者觉得银行的理财产品不但收益高,而且还安全,肯定划算。高收益也是银行宣传理财产品、吸引投资者的手段之一。但实际收益情况却不是这样的,有很多结构性理财产品都没有达到预期收益率,有的甚至会出现本金亏损。所以,投资者一定要注意预期收益率并非实际收益率。

3. 信息披露不完整

银行工作人员在推销理财产品时,一般只强调收益,刻意淡化风险。产品说明书中关于风险的表述也是大量的专业术语,普通用户根本看不懂。不披露或者选择性披露信息、产品信息不完整、收费项目不明、资金投资用途不明、信息更新不及时等是很多理财说明书中都存在的问题。

4. 产品的流动性

银行理财产品的流动性也是我们要注意的事项。拿到产品合同后，除要看产品投资方向、期限、收益外，也要看该产品如何赎回、投资期内是否可以赎回、费率是多少、可不可以质押，也就是产品的流动性问题。理财产品可以获得比储蓄存款更高的收益是有一些附加条件的，比如需要客户自己承担产品投资风险、要牺牲资金的流动性等，所以购买银行理财产品时也要看清楚与流动性相关的条款，以免将来急需资金时取不出钱。

◆ **理财案例**

邵先生和妻子去银行办理业务，因为是老客户，客户经理将邵先生带入贵宾室，又是端茶又是倒水，然后推销道："您存入我行的钱到期了，有没有考虑购买收益更高的理财产品呢？'中汇盈信九号'是我行的新产品，非常安全，利率11%。"考虑到该客户经理平时服务一直很周到，邵先生很信任他，当即让妻子通过银行的电脑网转了3 000多万元购买了该产品。然而，过了五个月，邵先生接到银行经理的电话，说该产品出了一点问题，兑付可能要延后。邵先生觉得该产品是银行的理财产品，应该没多大问题。但又过了一个星期，邵先生联系客户经理，对方竟然关机了。于是邵先生紧急赶往银行，客户经理才承认该产品出事了，并且声称该产品不是银行的理财产品。听到此话，邵先生如挨了当头一棒。

┌─ **案例启示** ─
│
│ 正规的银行理财产品名称中都会出现发行银行的名字，如中国银行发行的"中国银行苏州分行中银稳富ZYWF-SU01-15-14人民币理财产品"，但上述案例中的"中汇盈信九号"明显不是银行理财产品的命名方式。
│
└

1.8.5 错误5：买房买车都是投资

◆ **理财案例**

王奇和李刚是大学同学，两人毕业后找到的工作都不错，只用了5年的时间，两人均积累了30万元资产。此时，王奇选择购买了一套房，而李刚则买了一辆"奥迪"。又过了5年，王奇的房子价值100万元，而李刚的二手车只值5万元。

案例启示

从上述案例中可以看出：王奇购房属于"投资"，他的 30 万元并没有消费，只是转移到了房子上面。而李刚买车则属于消费，他的 30 万元已经花光了。由此可见，必须正确理解"投资"与"消费"的概念，才能高效利用自己的资源。

购买汽车，是无法累积的"消费财"，而不是"资本财"。消费财的特点是支付之后，对财富的累积不仅没有正面的增值效果，反而会随着时间的推移，必须支出一些维修款项，令总支出随着时间而增加。

此外，新车的价值每年都会折旧，各类税金（燃料税、牌照税等）、车险、停车费用、罚单、油钱，这些随之而来的支出也会在车款之外令购车者每月另外负担数千元之多。

 小贴士

对于二十几岁的年轻人而言，如果没有必要，不应该随意购置汽车。如果确实需要车子，也应该全面考虑，如买车对于投资有什么好处、到底为什么要购车等，千万不能让买车成为单纯的消费。

如果一定要买车，则要在购车之前思考以下问题。

1. 有足够的经济能力吗

事实上，车子属于奢侈品，花在车子上的额外支出有很多，购买后要支付燃料费、保险费、停车费、保养费、修理费、违规罚款等费用，所有的总支出至少要高出乘坐大众交通工具费用的 10 倍。

2. 没有其他必要支出了吗

人的一生总会有许多支出项目，如养老退休、子女教育、医疗保险等，除非是真正实现财务自由的人，或者有营业方面的考虑，对于普通的工薪阶层来说，购买车子时一定要谨慎考虑。

其实，交通工具对于人们而言，最重要的功能就是便利性，但事实上，现在去租车、搭乘大众交通运输工具都能够满足这方面的需求，并没有必要拥有私车。那么，何必因为购买车子而加重自己的经济负担，甚至是浪费自己的第一桶金呢？

3. 买车是因为虚荣心吗

如果是因为虚荣心，那就太不经济了。事实上，现在买车的炫耀效果已经大不如前。以前拥有一辆几十万元的进口车就会获得周围人欣羡的眼神，现如今各种价位的车子都可以买到，即使昂贵的名车，买个二手的，价钱也不高。如果只是为了炫耀，那么必然会感到失望。

因此，年轻的朋友如果拥有了第一桶金，那么别急着买车，而应该把这桶金变成资本去投资获利。

> **小贴士**
>
> 汽车可以当作激励自己省吃俭用的一个目标，但却不应该成为社会年轻人拥有一定资金后第一个满足的目标，除非有特殊考虑，如投资或者营利方面的需求，否则从投资报酬率的角度来看，还不如把资金投入到报酬率更高的产品中去，如基金、股票等。

1.8.6 错误6：购买奢侈品也是"投资"

除投资艺术品外，如今许多人对奢侈品投资也产生了兴趣。奢侈品投资包括以下几个作用：奢侈品是正式场合的必备"道具"，可以展现财富与能力；用于亲友送礼；有些人为了炫富，满足虚荣心；有些人将奢侈品当作一种投资品来收藏。奢侈品投资近些年越来越火热。

怎样的物品才算是奢侈品呢？一般奢侈品需具备以下几个特征：产品品种卓越、产品独特、品种稀缺及行业壁垒高、具有很高的利润。因此，不要把购买奢侈品当作"投资"，在任何一个高档商店里卖的比较贵的产品就是"奢侈品"，但在国外可能也就只是一款质量还不错的产品。对于奢侈品投资问题，必须知道以下五方面内容。

1. 购买奢侈品≠奢侈品投资

购买是一种消费行为，会使你的财富减少或者缩水。比如，汽车就是消费品，购买汽车只会贬值，不会增值。但是买房、炒股就是一种投资行为，可以使你的财富增加，口袋里的钱增多。所以，投资者一定要分清楚"消费"和"投资"这两个概念，也只有使财富保值、增值的奢侈品才具备投资价值，否则一律归为消费品类。

2. 对奢侈品的认知不足

奢侈品投资，投资者需要储备专业知识，并且对奢侈品背后历史与所蕴涵的文化底蕴、东西方文化差异等进行了解。然而，很多投资者对其认知度不足，从而无法准确判断奢侈品的增值结果和增值幅度，最终产生了偏差，纯粹为了收藏而收藏，甚至大多数人都是一种跟风行为。

3. 奢侈品变现较难

目前，国内奢侈品二手交易市场还不成熟，如果想要将来有一天进行变现，就只能找典当行或者拍卖公司，没有更广泛的渠道。而且在变现过程中，还需要辨别拍卖公司的真假、鉴宝大师的资质等，这些事都需要花费不少的时间，甚至还需要缴纳昂贵的拍卖手续费，可能东西还没有卖掉，费用已经交了很多，投资价值大打折扣。

4. 奢侈品储藏难

如何储藏奢侈品是非常重要的，首先要有一个比较好的收藏环境，如温度环境、空间大小等。同时，为了防盗，还需要设置电子监视系统、门密码及雇佣人员看守等。其次，还需要对奢侈品进行维护与保养，要保持其原有的价值。可见，奢侈品收藏需要花费投资者一笔很大的费用，因此投资者必须具备雄厚的资本才行。

5. 小心饥饿营销

国内的奢侈品市场经常会受到品牌"饥饿营销"策略的影响，产品造势，宣传这一产品为稀有款、限量版、经典款、××名人专爱的款式等。曾经有一款爱马仕包被拍出137万元的高价，创下纪录，不禁令人刮目相看。饥饿营销很容易造成价格的泡沫，投资者判断不准真正的投资价值，从而加大了奢侈品投资的风险，所以一定要防范饥饿营销。

不要把购买奢侈品当作投资，除以上五个要点要牢记外，还要做到量力而为，不能为了收藏而购买，更不可以跟风投资，或者为了面子、炫富而购买奢侈品，否则等同于把钱送给别人。

◆ **理财案例**

曹先生今年40岁，工作稳定，收入不菲，有一定积蓄。前几年，房地产被炒得如火如荼，曹先生眼看几个朋友都去投资房地产了，自己也按捺不住匆忙加入，以单价1.3万元购买了一套70平方米的房子，再加上各种税费，共计94万元。当时国家政策规定，购买第二套房首付需要支付40%，利率上浮1.1倍，于是曹先生最终首付37万元，贷款57万元。

然而，近两年楼市出现泡沫，房价直降，曹先生的房屋购买后一直用于出租，租金收入11万元，全部用于还贷，剩余应还贷款40万元。

目前曹先生的房子市价约为102万元，如果此时卖掉，可以盈利28万元，但是年化收益率低于8%。

> **案例启示**
>
> 投资房地产就像投资股票一样,是一种高风险、高回报的投资,但和股票不同的是,房地产的投资期限相对来说比较短,投资的成本更高。任何一位投资者在投资房地产这种奢侈品之前,都应该谨慎分析,三思而后行。

1.8.7　错误 7:理财决定说做就做

目前我国金融市场上各类理财产品充斥市场,特别是一些新型的互联网金融创新产品及组合类理财产品日益成为投资者的新宠,这对于经济条件优越的人来说,诱惑力越来越大,再加上理财公司的营销和推广,很多投资者只凭自己的感觉就随意选择了一款理财产品。然而,这很容易使投资者做出错误的投资理财决策。因此,投资者一定要控制自己冲动的情绪,因为投进去的都是自己的血汗钱。

另外,不能因为被朋友亲戚怂恿,就一时头脑发热马上投资,而是应做足前后的分析,估计好未来的情况之后,再做进一步的打算。许多投资者在选择理财产品时,都被短期的年化收益率迷惑,盲目购买所谓高收益的理财产品,缺少对投资项目与金融机构的了解与鉴定。控制好自己的情绪,不管是在投资方面还是在工作方面,都能够让自己生活得更好。

任何事物的学习都不可能一步到位,互联网理财这种新型理财方式也是如此,投资者在蠢蠢欲动之前,应掌握以下这些互联网理财知识。

1. 了解你的财务状况

做任何理财投资之前,最重要的就是厘清自己的财务状况。这些财务状况包括日常收入、开支、原始资本、负债情况等。这是一份初始档案,日后如果进行理财投资,就可以根据这些方向对自己的投资进行总结。关于理财记账的小软件,目前网上有很多,如挖财、随手记、财智快账等,不仅可以随手记账,还可以当作理财平台进行投资。

2. 确立大致的理财方向

了解自己的价值观,确立经济目标,使之清楚、明确、真实,并且具有一定的可行性。了解自己的性格,偏好什么类型的投资风格,如保守型、稳健型、平衡型、积极进取型等。

3. 选择合适的理财方式

目前的理财方式有很多,投资者可以根据自己的投资风格进行选择。

对于保守型投资者来说，主要应该把资金存为银行定期，另外拿出适当资金购买互联网货币基金，如"宝宝"类理财产品。这一类理财产品安全性较高，收益约为3%左右，在互联网理财产品中不算太高，但也高于银行一年期定期存款。

适合稳健型投资者投资的理财产品包括银行理财产品、P2P固定收益类理财产品等，收益普遍在4%～12%。P2P固定收益类理财产品起投金额低，比较适合大众与工薪阶层进行稳健投资。此外，国债也是比较稳健的投资方式，只不过收益相对比较低，三年期的国债票面年利率大约在5%左右。

对于积极进取型投资者来说，目前可以考虑股票投资，但风险较高。一般而言，有资金杠杆机制的投资，如期货，其风险比股票更大。专业机构、经验丰富的投资者可以进行套利交易，但对于刚刚入行的个人投资者来说，还是慎入。

平衡型投资者的投资风格在稳健型和积极进取型之间，一般是进行低风险和高风险投资的搭配组合。

4. 做好财富管理

财富的管理也非常重要。有的人钱到手快，离手也快，这是为什么？其中最重要的原因就是他们太容易赚到钱了，从而容易掉以轻心，继续投资时则可能忽视了操作风险，以致慢慢亏损。而有的人则是赚钱之后花钱大手大脚、铺张浪费，以致留不住财。所以，投资后一定不能忘记财富取得后的后续管理。

5. 继续学习

对理财知识的继续学习非常重要。正所谓"学无止境"，作为投资者，在投资方面要不断更新理财知识。

小贴士

> 投资还需要懂得投资行业的一些专业术语，以便理解相关资讯中包含的价值讯息。

互联网理财的理念原则与方法不是在短期内就可以养成的，建议在刚开始选择互联网平台投资时，先投入小额资金试水，这也是及时止损的最好办法。要想为自己整理出一套符合自身情况的投资理念，不仅需要自己切身体会，还需要经过长时间的沉淀。就好像胖的人说要减肥，瘦的人说要增肥，草根想要致富一样，都不是说说就可以做到的事情，今天的努力转化成明天的成功，这是需要一定过程的。慢慢来，相信互联网理财可以给每个人一个好的回报！

1.8.8 错误8：跟风，盲目相信他人

现如今理财产品市场已经不同以往，产品的种类及规模都超出以前任何时候，尤其是互联网金融发展日新月异，互联网理财产品更新换代极快，令一些习惯了传统理财方式的投资者急得抓心挠肝，患上了"投资选择综合征"，一会儿想要在大平台中追求稳健收益，一会儿又看上了某个小而美的平台，想要博取高收益，投资决策摇摆不定，甚至看到股市偶尔反弹都想再跳回去。这些都是随波逐流型投资者会犯的毛病。

投资者应该根据自身家庭财富的构成情况选择一个大的投资方向，循序渐进地推进自己的理财计划，而不应该今天买入、明天取出，反复无常地操作。因为这样不仅浪费了时间与精力，还不能获取预期的投资收益，最终扰乱了自己的投资理财计划。

"真理总是掌握在少数人手中"，容易跟风的投资者总是担心自己制定的理财方案出问题，神经过于紧张，一旦听到别人说自己的理财方案不好、要亏损、容易遇到问题平台，就开始担惊受怕，然后盯着别人买哪个平台、买什么理财产品，也不看看自己的实际情况就直接入手。

既然有了自己的打算，那么就坚持下去，不要随波逐流。这种坚持不是固执，而是在学习了一定互联网理财知识，咨询了一些理财公司建议之后，做出的正确的、有长远目光的理财方案。这样一来，在遇到风险时也可以有所防备，从而在理财的道路上越走越远。

◆ **理财案例**

父子俩牵驴去集市上卖，有人看见了，嘲笑他们太笨了，有驴不骑。于是父亲便让儿子骑驴，走了没多久，又有人看见怒道："儿子真不孝，自己骑驴，让爸爸走路。"于是父亲让儿子下来，自己骑上驴。又走了一阵儿，被人指责："好狠心的父亲，也不知道心疼孩子！"于是父亲又让孩子也上来，又被人看见了，指责道："两个人骑一头瘦驴，是要把驴压死吗？"于是父子俩又不得不下来，抬着驴走，结果在过桥时一不小心，驴被河水冲走了。

案例启示

父子骑驴的故事由来已久，就是在告诉我们不要盲目听信他人。很多投资者在投资理财时都会盲目相信别人。别人说这个平台年后收益率高，肯定赚钱，然后自己不经大脑就投进去，结果平台跑路。别人说大平台肯定不会赔钱，结果自己投进去，不涨反降。别人说这个平台有第三方担保，安全保本，结果自己投进去，平台跑路。其实，别人说的不一定是错的，只是并不适合自己。科学的投资不仅需要沉着详细地调查平台背景，还需要细心分辨投资标的融资方信息是否安全，最适合自己的平台和理财产品才是最值得投资的，不可只相信一家之言来投资，最终后悔莫及。

1.8.9 错误9：做好投资一夜暴富不是神话

"投资"和"理财"虽然经常被放在一起说，但其实投资与理财还是有一些区别的。理财不只是投资，还包括如何管理财富、如何花钱、如何省钱，如何赚钱及对未来的计划等。而投资则基本可以视为用现有的财富去增值、以钱生钱。对于普通人来说，做合适的投资很重要，做合适的理财更重要。

尽管一夜暴富的想法以前被大肆批判，但随着国内上一轮牛市的开始，人们似乎又开始相信一夜暴富这种神话，疯狂投入股市，逢人便谈股市，几乎成就全民炒股的现象。客观来讲，在股市中"一夜暴富"是有机会的，但只有少部分人可以享受到，而大多数人都痴迷于一夜暴富并不现实。目前的股市，一夜暴富的神话已经被戳破，曾经疯狂的创业板已经大幅回调，那些曾经上演一夜暴富的股票也被打回原形，千万股民破产哀号，这些都不能不让人反思过于投机的危害。

做投资，一定要留足余地，不能把自己的家底搭进去。尤其是一些具有风险性的投资，在投资之前，一定要留足自己的"棺材本"。

需要值得一提的是，有许多人孤注一掷投资高风险的理财产品。其实对于普通理财者或者投资新手来说，这样的投资风险过大，并不适宜。投资需要懂得分散投资风险，懂得多样化化解系统风险、对冲风险。投资理财者最好能自己掌握一些投资理财知识，如果实在对这些数据、知识不敏感，那么就寻求专业理财机构的帮助。

除不能太过幻想一夜暴富外，其实理财投资还是一项长跑。比如，在平时的生活理财中，要保持一个好的理财习惯，对自己的财务、资金收支做到心中有数。消费，要做好预算规划，并且持续执行、贯彻。投资长跑，注意要利用好"复利"来进行财富增值。当然，如果遇到专业问题，那么可以请教在理财方面更专业的人士，以获得财富管理、服务方面的帮助。

◆ 理财案例

许阿姨退休后看到老同事都在学习互联网理财，不仅丰富了老年生活，还获取了比银行理财更高的收益，十分心动。但是，她对互联网操作不擅长，又不想辛苦学习新的理财手段，于是迟迟不敢动手，又十分心急。一天，她接到一家理财公司客服的电话，说有一款线下理财产品非常适合她这种不懂互联网理财又想投资的老年人，预期收益有20%。许阿姨经不住高息诱惑，立马打款给该公司账户，购买了5万元的理财产品。可谁知，许阿姨才领了几个月的收益，这家公司就联系不上了。更让许阿姨郁闷的是，她连公司在哪里都不知道。

> **案例启示**
>
> 如何让钱生钱、让自己的财富增值确实是一门大学问，除要具备一定的投资理财知识外，也要保持一个良好的心态，不可相信"天下掉馅饼""一夜暴富"这种神话，毕竟这样的小概率事件几乎是不可能发生的。

1.8.10 错误10：孤注一掷才能享高收益

投资市场是一场没有硝烟的战争，投资者以破釜沉舟的心态，不顾风险地追求一夜暴富，往往会惨败收场。在股市中，为了博取高收益，不顾一切地全仓杀入，甚至不惜抵押房产、汽车加大投入，这不是投资理财，实与赌徒无异。无视风险，轻率投资，看似破釜沉舟、背水一战，实则不过是抱有侥幸心理，逞匹夫之勇罢了。

投资理财是一项和时间赛跑的长期事业，一时胜负不算什么，投资者需要的不是一战定天下，而是持续、稳健的长期回报。作为一名投资者，首先要考虑风险，然后再做决定。比如，在做股票、基金等投资理财项目时，由于个人考虑的出发点不同，有的投资者根据风险偏好来操作，而有的投资者根据风险承受能力来操作，从而导致了收益各有不同。

风险偏好和风险承受能力，究竟哪一个更适合作为投资理财的判断依据呢？

风险偏好指的是对风险的好恶，也就是喜好风险还是厌恶风险。不同的投资者对风险的态度是存在差异的，如果倾向于认为不确定性可以给自己带来机会，就是风险偏爱型的投资者；如果倾向于认为不确定性只会给自己带来不安，那就是风险厌恶型的投资者。

风险承受能力指的是一个人有足够能力承担的风险，也就是可以承受多大的投资损失而不至于影响正常生活。风险承受能力应该综合衡量，和个人能力、工作情况、家庭情况、资产状况等都有关系。比如，两个人拥有同样多的资产，一个人单身，自己吃饱全家不饿，另一个人却有儿女和父母要养，那么两人的风险承受能力就会有所差别。

风险偏好是人们的一个主观考虑，这只是一个简单的个人喜好，不适用于理性投资。不同的人由于家庭财力、学识、投资时机、个人投资取向等因素的影响，投资风险承受能力是不同的；同一个人也可能在不同的时期、不同的年龄阶段及其他因素发生变化的情况下，表现出不同的投资风险承受能力。因此，风险承受能力才是个人理财规划中一个非常重要的依据。

投资者愿意承受更多的风险，只能说明他是一个风险偏爱者，但是这绝不代表投资者具有较高的风险承受能力。如果一个投资者因为高收益诱惑，完全不考虑自己的风险承受能力，孤注一掷投资一些完全不符合自身收益风险特征的理财产品，那么后果不堪设想。

所以，投资理财切不可孤注一掷，应冷静对待自己的风险偏好，下功夫认清自己的风险承受能力，并且根据自己的风险承受能力选择与之相匹配的理财产品。这样，不用冒太大的风险，也可以取得理想的收益。

◆ 理财案例

老年人退休以后，都会有一些存款或者退休金养老，但是面对飞涨的物价，许多老年人也有了"以钱生钱"的理财需求。高老爷子今年60岁，子女都已独立，自己和老伴每个月的退休金都很稳定，足够老两口生活消费，甚至还有结余。夫妻两人身体健康，保险齐全，暂时不需要为生病住院考虑。目前手中有30万元存款，另购买了10万元国债，马上就要到期了。高老爷子想要在理财上面多下点工夫，让自己和老伴的晚年生活更有保障，还能为子孙留点钱。他觉得手中的40万元存款一般也用不着，想要孤注一掷购买股票型基金，获取高收益。

──案例启示──

老年人随着年事渐长，面临医疗等大额支出，同时风险承受能力不断减弱，选择理财时最好以稳为主，可按比例方式进行投资组合，分散风险。老年人在投资理财方面一定要注意，不可孤注一掷地追求高收益产品，应该通过"配置"来平衡风险和收益的关系，从而达到理财目标。

1.8.11　错误11：理财工具必须频繁转换

个人投资理财是一个长期的过程，投资者在选择理财工具时更应该注重长期收益状况。有的投资者贪图短期利益，看到平台做活动就频繁转移资金，不断更换理财工具。殊不知，这样做不仅存在很大的风险，而且频繁操作还会大大增加决策失误的概率。

伴随着证券市场的起起落落，基金持有者开始躁动不安起来，越来越不能承受基金净值的波动。面对起起落落的净值曲线，投资者申购、转换还是赎回，面临着许多投资困惑与尴尬。其实，基金本来就是一种长期投资，短期内的亏损并不是真正的亏损。一般从购买基金到看到收益最快也需要3天，也许看到昨天的收益涨了，等投资者突然加大购买量后，基金又开始不断下跌，导致本金和手续费的双重亏损。

因此，投资基金一定不能频繁转换理财工具。投资者投资基金为何会如此劳累？最根本的原因就是没有掌握基金投资的省心之法。为此，投资者应掌握以下六大法则。

1. 定期定额投资法

虽然证券市场下跌为投资者进行一次性投资提供了投资机会，但是一次性投资将会使投资者过度关注证券市场的涨跌变化，从而不利于稳定投资心态，需要投资者加以注意。而基金定投有利于投资者摊平证券市场波动而达到摊低购买成本的目的。

2. 选择后端收费

投资者购买基金时，由于存在多种代销渠道，手续费也有许多差异。投资者购买基金势必会把注意力集中在选择费率优惠上，从而在选择基金时造成一定的麻烦。费率优惠只在不同的代销渠道商之间进行，针对的是前端收费。而投资者选择后端收费的模式，只要坚持一段时间，达到基金管理人规定的费率优惠时间，也可以免缴手续费。加上基金本身就是一种长期投资工具，投资者选择后端收费是非常实惠的。

3. 选择红利再投资模式

投资者选择基金产品投资，都是基于养老规划、子女教育及应对未来的通货膨胀的需要。因此，长期持有基金，并且保持资金的长期稳定增值是投资者应该追求的投资目标。因此，投资者应该尽可能选择具有免费、免税及复利效应的红利再投资模式，从而降低投资者未来投资的选时风险。

4. 构建组合避免转换

如果投资者只持有一种类型的基金产品，那么难免会因为市场环境的变化而进行频繁的调整与转换。因此，在进行基金产品投资前，应该直接配置不同类型的基金产品，既要考虑股票型基金的增值性，也要考虑债券型基金及货币市场基金的收益稳定性，从而避免因为频繁转换而付出一定的手续费。投资者投资基金时，不能因为暂时的省心而集中投资于一种类型的基金，这种看似省心的行为，实质上会带来投资上的许多麻烦。

5. 制订投资目标和计划

投资者都有追涨杀跌的投资偏好，总是希望可以踏准市场的节拍，以最低点申购，并且以最高点赎回，但在现实中这是很难实现的。追逐基金低买高卖的最终结果，将会直接导致投资者在基金产品投资中付出比较多的交易成本，从而得不偿失。因此，为自己制订投资操作纪律，对于投资者而言是非常重要的。

6. 依照专家的意见选基金

目前,一些评级机构都会对不同类型的基金产品进行评级。对于基金新手投资者来说,根据自身的投资兴趣与偏好确定基金产品类型后,应该通过参考评级机构的评级进行选择,从而避免盲目选择。

◆ 理财案例

陈先生家住成都,除自家自住房一套外,他还有一套用于出租的房产。陈先生觉得自己年前开出的租金相对于市场来说太便宜了,但是承租人续签合同时,听到陈先生想要涨的房租价位,不愿续签。陈先生只好把房子空出来,把租房信息挂到网上。因赶上过年,一直没有人租陈先生的房子,从而导致陈先生的出租房闲置了很长一段时间,得不偿失。

案例启示

对于理财工具,并非不能转换,而是应该在转换之前考虑好转换成本是否是可以接受的。转换成本是指由一系列因素导致的理财工具转换前后存在一个时间差,在这个时间差内理财工具是不会给我们带来收益的。投资者在发现新的投资机会时首先要分析收益和转换成本,如果转换成本过大,那么不如坚持之前的收益。

1.8.12 错误12:理财就是拿闲钱消遣生活

理财的目标是实现家庭财富的保值、增值,而不是拿闲钱出来消遣。但当前的某些投资者,在没有做好理财知识准备的情况下,就盲目跟风市场进行投资,不把科学合理理财当回事,没有经过自己的理性判断,或者在理财时半途而废,无法从一而终,从而导致不仅没有使财富增值,还可能保不住本金。

如果一款理财产品不错,那么可以继续持有或者追加跟进,而不是这山望那山高。投资者在配置理财产品时,可以先选择一个中短期的理财产品进行试水,如果投资收益不错,投资风险可控,再转为长期配置,而不是把理财当作拿闲钱来消遣,把巨额资金一股脑倒进长期理财中,从而导致急需资金时取不出,甚至遇到问题平台,造成巨大亏损。

这就好比一个富人和一个穷人,富人腰缠万贯却不思进取,没有长远的眼光,没有令钱变多的目标,只知一味享受,把理财当娱乐消遣。而穷人起点虽然低,但是拥有长远的目标,在激烈的竞争中存活了下来。最终富人与穷人的位置是对调的。

小贴士

拥有长远的目标就好像走在下雨的路上，为了不踩到水坑时刻看着脚下的路，每一步都走得很稳，即使有撞到东西的风险，但是在走之前计算过，看好哪里有水、哪里没水，很轻易就能走出一条没水的路。

投资理财也是这样，鼠目寸光虽然可以让人看得清一时，但却看不清一世。以消遣的心态投资理财，可能会从中获利，但一旦情况复杂起来，只看得见眼前局面的人是无法解决的，最终结果就是在这场投资中以惨败收场。

◆ **理财案例**

赵琼的职业是一名健身教练，月入过万元，工作六七年有存款 50 万元，存入银行活期中。父母几年前为其全额购买了住房，目前市值约为 200 万元。除健身教练的工作外，赵琼还是一名极限运动爱好者。他一直追求心理与生理的刺激，喜欢刺激的他还购买了 20 多万元的股票，虽然一直在亏损，但是他并不介意，也无暇打理。他认为自己现在单身，吃喝不愁，买股票纯粹是为了消遣，赚了、赔了都不会影响自己的生活，反而是大起大落的心情令他十分享受。

— **案例启示** —

目前股市风险还是比较大的，赵琼只把炒股当娱乐消遣，不学习炒股知识、不关注涨跌，完全是在追高博傻。虽然赵琼喜欢刺激、喜欢高风险，但是在投资领域，还是要有保本的思维，落袋为安为好。

1.8.13 错误 13：理财方案一经确定不需调整

互联网金融市场的繁荣催生了许多高收益的理财产品，特别是平台刚推出的一些理财产品，为了吸引客户，一般都会设置比较高的投资收益。一些投资理财者只偏好这种理财产品，甚至有时宁愿闲置资金，也不想降低自己对投资收益的标准或者理财标准。如果理财产品没有达到他们的心理预期收益，就坚决不出手。殊不知，正是这种"宁缺毋滥"的想法，令自己的财富不断缩水。

央行的持续双降让理财市场的投资收益下降了一个档次，投资者还停留在以前某些理财产品的高收益上，固守之前制定的理财方案只是自欺欺人。对于投资者来说，时间就是金钱，多等待一秒，机会成本就增加一分。过度固执，不愿意灵活调整自己的理财方案，所损耗的不只是时间，还有财富的缩水。

这个世界上唯一不变的就是世界不断在变化，任何事物都在发展并变化着。这个道理同样适用于理财，市场在不断变化，理财策略如果一成不变，那么只能落后于时代，靠陈旧的理财方案赚到钱纯粹是运气。

投资者对理财方案不断做出调整，在新的市场下是必须要做的事情。与时俱进，是理财策略中非常重要的一点。那些固执的思维，只会禁锢人的眼光。如果把自己这种已有的经验驾驭现实之上，并且过分固化的话，就产生了执迷不悟。固执的人常常自以为是，无法听取别人的意见，只想让别人接受自己的观点。

同时，固执的人也会有一种盲目的自我崇拜心理，认为自己处处都比别人高明，自觉不自觉地将自己凌驾在他人之上。不管做什么事情，都要以一种谦虚的态度去对待。听不进别人的建议，固执己见，认为自己的观点正确、自己的理财策略可以赚大钱，是迟早要吃亏的。

真正的大师总是保持着一颗学徒的心，只有谦虚，才可能看到自己策略上的短板，及时修改，做出正确的决定，从而才能在理财市场中站住脚，赚得顺心。

◆ **理财案例**

彭放月薪1万元，租房与生活支出共1 900元。目前拥有存款4万元，其中1万元放入余额宝中，3万元存入银行定期。彭放和女朋友合开了一家十字绣小店，每月房租650元，利润2 000～3 000元。彭放和女朋友计划在明年结婚。之前的理财计划中并没有结婚的理财目标，现在才想到做结婚预算。但是刚做完预算彭放就傻了眼，结婚如此昂贵，他希望自己可以尽快攒够15万元。

── 案例启示 ──

彭先生如果一直保持之前的资产配置，那么也是可以实现理财目标的，但如果进行更积极地理财规划，目标就可以快速达成。建议配置理财产品以稳健型为主，以每月工资做基金定投、存款进行P2P网贷理财、生活备用金购买"宝宝"类理财产品的形式，合理配置比例，使整体收益率达到14%，则15万元就可以在10个月之内攒齐了。

1.8.14 错误14：投资理财就是守株待兔

投资理财不是撞大运，不能守着资产等着运气主动投怀送抱。心不定，脚不动，永远无法圆梦。在逐梦的道路上，需要的是坚定的心与不懈的努力。投资理财现如今已经走进了普通大众的生活中，大多数人都了解了理财的重要性，但究竟该如何主动理财呢？不管怎样，得先开始起步。

1. 确立明确的理财目标

做事需要有规划。投资理财是不能马虎的大事。不同的年龄、不同的工作在不同的时期，需要根据自己的情况，结合风险承受能力、风险偏好、家庭情况等，确定合理的理财预期。有了明确的理财目标以后，才能做到合理配资，既不影响目前的生活，又可以让自己手中的闲钱最大限度地增值。在目标确立以后，只要没有太大的生活变故，就必须坚持之前确定的目标。

2. 理财的路上不要走走停停

投资理财不只是一种行为，还是一种习惯。如果只是为了获取一时的零星收益，那么不能称之为"理财"。不管出于哪个阶层、收入如何，目光都应该放长远，在选择平台与产品时，考虑投资收益的稳定性。投资一定不能浅尝辄止，也不能半途而废，即使本金不多，也要养成定投的好习惯。长期进行投资理财，养成这样的习惯，就会变得更加理性，也会发现更多的投资机遇。只有养成习惯，才能做到"一辈子有钱"。

3. 学会等待开花结果

既然投资理财是一种习惯，那么就需要时间去慢慢酝酿。心急的人是不可能真正学会投资理财的。无论选择以多少资金进行投资理财，都需要一段时间后才可以看到资金价值的最大化。而在等待的过程中，我们能做的不只是等待，还有沉淀。

对于投资理财，相信每个人都有自己独特的心得体会。听取别人的建议固然重要，但是自己"摸着石头过河"也是必不可少的。

小贴士

从"道听途说"到"看图识字"，再到"成竹在胸"，这是投资理财必经的三大境界。

众所周知，这是一个互联网时代，无孔不入的互联网科技不断渗透人们的日常生活。近几年来，传统的线下金融也迅速开发了线上市场，更简单、更方便的场景模式打开了全民理财的风口，甚至在金融界吹起了"懒人的福音"。但是，如果你真以为"更简单、更方便"就意味着可以偷懒将钱丢在平台不管不顾，那么就犯了理财的大忌。以下是四大"懒癌"的症状，投资者如果想要稳妥投资，那么千万别犯这些毛病。

1）懒得关注资讯

关注投资理财相关信息是必不可少的环节，而资讯常常携带着趋势信息，对投资方向的判断有很大帮助。因此，投资者应积极关注时事，勤于阅读资讯，了解行业最新消息。

2）懒得学习理财知识

不读书，不看报，办法还是老一套。对于投资理财，也是一样的道理。新的事物、工具不断出现，如果不了解它、不学习它，则很可能会失去一些利于投资的机遇。做事情时，也少了一种可能的解决方案。并且，遇到不懂的地方，也懒得向人请教。其实，请教他人也是一种便捷的获取知识的方法。

3）懒得做投资规划

国内投资者最喜欢股市投资，但很多人在交易开盘之前都不进行投资规划，一旦遭遇一些极端的行情，就会束手无策，或者根本就不知道这些信息，等到反应过来，已经损失了大半资金。因此，互联网理财的投资者在事前一定要做好规划，如什么时候适合投资、如何投资，投多少比例等。出现无法顾及行情的情况时，也要提前设置好委托等。这些，最好在投资前一天没有开始交易时就做好规划。

4）懒得控制情绪

在投资中，行情经常会变化，而许多投资者常常又过于感性，不善于控制自己投资时的情绪，遇到好的行情就热血翻涌，遇到不好的行情就草木皆兵。控制自己的情绪并不是一件小事，需要从平时做起，因此，要想在投资中做到"收放自如"，平时就应该多加练习，使自己变得沉着、沉稳。

把理财寄托于运气，实际上是对自己的资产极度不负责任的行为。要想实现财富增值的愿望，一定要改掉懒病，做一个合格、聪明的投资者。

◆ **理财案例**

张玮今年27岁，在长沙一家互联网公司上班，每月收入5 000元，目前和父母住在一起，上交父母1 000元生活费，自己每月生活支出1 500元，结余的钱放在银行卡里，目前有存款5万元。

张玮平时没有理财习惯，但喜欢买彩票，每月购买彩票需要花费几百元。张玮已经到了适婚年龄，但是现在结婚成本日益上升，这让张玮的父母非常着急。父母已经帮张玮买好了婚房，还想在他结婚时买一辆十几万元的车，再加上结婚成本，这让张玮的家庭感觉压力很大。

案例启示

从张玮的消费水平来看，他还是比较节省的，但是张玮喜欢买彩票，每月都要投入几百元，如果每月投资金额比较大，就会有点心存侥幸、"以小博大"的心态了，常常以失败居多。张玮要想解决结婚压力，首先就要树立正确的理财心态，不能再有投机取巧、撞大运的想法。财富积累是一个长期的过程，急于求成只会适得其反。

1.8.15 错误15：保本型理财产品没有风险

投资者在选择理财产品时，常常会被一些保本型理财产品所吸引，并且在购买之前也不查询自己购买的保本型理财产品属于什么性质。保本型理财产品真的没有理财风险吗？保本型理财产品究竟是什么呢？投资时要做哪些准备？

一般来说，投资者在选择理财产品时，除关注收益外，还要关注自己的本金安全。保本型理财产品，指的是可以保障理财资金的本金安全，风险程度相对比较低，适用于稳健型、保守型的投资者的理财产品。即使在市场最不利的情况下，投资者虽然不能获得任何投资收益，但也可以收回投资本金。

1. 保本金不保收益

保本型理财产品的保本只是相对于本金来说的，并不能保证产品一定可以盈利，也不能保证最低收益。投资保本型理财产品存在投资到期日只能收回本金的风险。

小贴士

保本型理财产品对本金的承诺保本也是有一定比例的，并不是全部保本产品都100%保本。

2. 固定收益不等于保本金

什么是固定收益呢？其实固定收益并不等于保本。许多人都接触过固定收益类产品，那么这类产品是不是也可以保证本金呢？固定收益是指预期投资收益率为固定数值，但是大部分的固定收益类产品都是无法保证本金与收益率的固定的。产品的预期收益率只是表明投资者在产品所投资的资产正常回收的情况下可能获得的最高收益率，一旦所投资的资产发生损失，投资者的本金及收益都有可能受损。

3. 保本是有期限的

保本型理财产品的保本是有期限限制的。保本型理财产品并不是在整个投资期内都可以 100% 保障本金，而是在一定投资期限内保证投资者所投资的本金不会亏损。一旦投资者提前终止或提前赎回，就不在"保本"的范围内。

保本型理财产品有一个锁定收益的功能，可以让投资者在资产积累到较高水平时锁定收益。比如，投资者投资保本基金的本金为 5 万元，两年之后，投资增长到 6.5 万元，使用锁定收益功能，6.5 万元就会变成投资者新的本金保证。

小贴士

需要注意的是，锁定后的保本基金合同的期限需要重新开始计算，也就是说合同到期日也同时延长。

根据以上条件可以发现，目前互联网理财产品中许多产品都可以称为保本型理财产品，如"宝宝"类理财产品，在低风险、保障本金的前提下，还可以享受较高收益，随存随取，并且门槛很低，一元就可以投资，可以算作互联网类"活期存款"理财产品。

◆ 理财案例

宋奇最近变成了朋友们的谈资，因为他没想到自己银行账户中的钱居然一点点变少了。他在 10 年前开通了一个银行账户，当时存入了 100 元，没想到从 4 年前开始，银行每季度对他的账户征收小额账户管理费。现在，他的账户余额只剩下 60 多元。

案例启示

上述案例中的宋奇，虽然从金额上来看损失并不多，只是几十元，但如果细算下来，4 年的损失率接近 40%，那么每年的损失率就是 10%，这比银行 5 年期的定期利率还高。

第 2 章
常见的互联网理财方式

互联网的普及程度不断提高,除衣食住行可以通过网络解决外,很多人通过互联网理财的需求也不断扩大。通过银行和商家的理财网站或网上理财工具,可以轻松管理个人的股票、储蓄存款、保险等家庭财产,从而尽享信息时代给我们带来的方便与快捷。如果个人在网上选择理财方式,那么一般来说最好选择比较可靠的理财平台。

2.1 货币基金理财

货币基金资产主要投资于短期货币工具(一般期限在一年以内,平均期限为120天),如国债、央行票据、商业票据、银行定期存单、政府短期债券、企业债券(信用等级较高)、同业存款等短期有价证券。

2.1.1 认清产品,避开陷阱

货币基金简称货基,也有人戏称它为"火鸡"。以余额宝、腾讯理财通和京东小金库等为代表的互联网理财产品,实际上主打的都是货币基金。因为货币基金主要投资于短期货币工具,如国债、央行票据、商业票据等短期有价证券,所以风险小、流动性强,收益不高但稳定,基本不会亏损,非常适合互联网理财初学者。

银行一年期定期存款利率是 1.5%,余额宝七日年化收益率在 4% 左右,明显比银行定期存款利率高出一倍多。腾讯理财通中的货币基金理财对接的是四家基金公司的产品,包括华夏基金、汇添富基金、易方达基金和南方基金,七日年化收益率在 4%～4.5%,京东小金库对接的是嘉实基金和鹏华基金公司的货币基金,七日年化收益率在 4.5%～4.8%。

货币基金比拼的不只是收益,而更多是便利性与安全性。便利性主要考虑资金转入、转出的额度、到账时间及操作是否便捷。

货币基金理财产品的转入限额相差不大,都是流程简单、实时到账的。在消费方面,余额宝和京东小金库可以用于淘宝、京东的网上购物消费,而理财通需要提取至安全卡再进行消费,从而避免账户被盗取,资金通过消费和支付的方式转移到其他账户上的风险。在转出安全性方面,理财通的安全性比余额宝、京东小金库的安全性更高。

◆ **理财案例**

宋世章是做生意的,平时要准备一些资金以备不时之需,可是如果派不上用场,这些钱也不能存成定期,而只能以活期的形式存在银行,利率太低,他感觉很亏。宋世章了解了货币基金的特点之后,打算拿这部分钱进行互联网货币基金理财。货币基金是作为短期现金投资的工具,只要计算好资金使用时间,灵活赎回,也不会影响资金的使用,并且还可以获得比活期存款高近 10 倍的收益。在资金流动性方面,货币基金和银行活期差不多,但收益高,且没有利息税,因此流动资金储备选择货币基金再合适不过了。

── **案例启示** ──

比较货币基金的收益高低,有两种方法:一是看七日年化收益率;二是看万份收益。万份收益是过去一天的实际收益,万分收益越高,投资收益越好;七日年化收益率越高,近 7 天来投资收益越好。因此,要根据投资时间的长短来选择货币基金。

2.1.2 选择货币型基金的五大技巧

很多人在购买货币型基金时不会像投资其他类型基金那样投入很多精力,他们认为货币型基金收益再好，也比不上行情好时其他类型基金的收益。其实，投资货币型基金虽然不会有特别高的收益，但购买此类基金同样需要很多技巧。

1. 选择便于转换的基金

许多基金公司不仅会推出货币型基金，还会推出股票型和债券型基金。为了更方便"套牢"客户，最大限度地防止自己的客户流失，他们常常会对自己旗下的货币型基金与其他基金的转换费率实行大幅优惠，而且转换也非常方便。而大多数投资者在投资基金时，为了获取最大收益，原则上一般是在股市行情好时投资风险较大的股票型、指数型基金，而在股市行情不好的情况下投资安全性较高的货币型基金。因此，投资者在选择基金时就应该选择那些基金公司旗下有多类基金的基金公司的基金，在需要转换时不仅能够减少转换成本，而且还能迅速转换。

2. 尽量选取"T+0"基金

货币型基金的赎回到账时间也有长短之分，大部分是T+1或者T+2个工作日，但也有一些基金公司和银行强强联手，对于自己旗下的某些货币型基金推行"T+0"快速赎回业务，只要投资者提交货币型基金的赎回要求，资金就会即时到账。如此一来，对于投资者来说，尤其是对于善于投资、对资金流动性要求较高的理财高手而言，在选择货币型基金时，就必须要懂得取舍。

3. 挑选规模适中的基金

对于基金公司而言，都需要保证基金持有人能够随时赎回自己的货币型基金，因此基金公司都需要持有一定比例的现金。一般情况下，基金公司对于自己旗下规模较小的货币型基金，因其抵御赎回负面影响的能力相对较弱，所以现金持有比例常常会高于规模较大的货币型基金。因此，规模较小的货币型基金，用于投资的资金就会相对较少，从而收益率也会受到一些影响。而规模较大的货币型基金在资金方面有优势，容易店大欺客。因此，建议投资者最好采取折中的方法来选择货币型基金，挑选资产规模适中的无疑最佳。

4. 考虑提供增值服务的基金

有的基金公司为了更好地满足客户的理财需求，会围绕公司旗下的货币型基金的特点，推出一些功能实用的特色增值服务。比如，某基金公司推出了基金自动赎回业务，投资者在其直销平台只要选择定期定额赎回功能，就可以用以每月定期偿还房贷、车贷等。还有一些基金公司推出了"钱袋子"服务，能够自动将其旗下的货币型基金定期定额转换成股票型或者债券型基金，利用货币型基金进行股票型基金、债券型基金的定投业务。如果投资者不想让自己每天惦记着还款、定投，同时也不想让自己的资金提前"躺"进活期账户，那么在选择投资货币型基金时，可以考虑这些基金公司的货币型基金，并且实时开通这些公司提供的增值服务。如此一来，就可以让自己的货币型基金理财方式获得更多的"实惠"。

5. 最好选建完仓的基金

对于货币型基金而言，其认购费、申购费都为零。与其他类型的基金费率完全不同，其他类型的基金不仅在募集期内认购需要收费，申购时收费则更高。因此，和老的货币型基金相比，新发行的货币型基金完全没有手续费方面的优势。同时，新发行的基金在发行期结束之后，还要经历一个时间相对较长的建仓期，短时间内收益率会很低。而老的货币型基金仓位已经完全建成，持有的投资品种也比较多，收益在相同时间段内也要比新的基金更为可观。因此，投资者在选择投资货币型基金时，应该尽量选择那些已经成立一段时间，建仓完毕的老的货币型基金，因为它比新的货币型基金在收益方面更具有优势。

◆ **理财案例**

齐悦是去年刚毕业的大学生，目前在一家研究所上班，每月固定工资为2 000元，各项补助加奖金有3 000元。

齐悦每月房租是1 200元，生活消费1 000元，交通费400元，电话费100元。

目前齐悦有活期存款15万元，其中10万元是父母资助的，定期存款2万元，目前还没有房贷和车贷，因此没有任何负债，风险承受能力中等。

最近他打算拿出活期存款的一部分进行投资理财，目标是可以在几年后按揭购买一套房及全额购买一辆车。齐悦感觉投资股票的风险太大，银行定期存款回报率又比较低，于是他选择了低风险、收益相对较高的互联网理财。

---案例启示---

对于齐悦来说，研究所的工作很稳定，但是他的工作性质又决定了他平时放在理财上的精力不会很多；同时，他属于低风险偏好人群，那么可以尝试投资风险比较低的货币基金、债券基金、保险理财等。

以齐悦目前的情况来看，现有的资产是无法同时实现按揭购房和全额买车的，最好先把买车的时间延后，等到资产积累到一定标准后再进行规划。

2.1.3 基金排行榜靠谱吗

对于大多数投资者而言，购买基金无疑是投资理财的一个重要选择，于是怎样选择一只好基金，就成为许多人非常关注的事。

为了可以选择一只不错的基金，许多投资者都很依赖基金排行榜，将其视为参考"圣经"，特别注重净值增长率排名等，认为排名越靠前的基金越赚钱。但只根据基金排行榜选基金真的靠谱吗？答案是：不靠谱！为什么呢？原因包括以下三点：

（1）排名只能体现基金现在和过去的表现，并不能代表其未来的业绩。曾经有数据显示，第一年排名前 1/5 的基金中，第二年仍旧排名前 1/5 的占比为 22.53%，但是第二年排名掉到后 1/5 的占比为 22.91%。而第一年排名在后 1/5 的基金中，第二年排名依然在后 1/5 的仅占 12.57%，说明转换率并不高，也就是说一年业绩的延续性是很弱的。

（2）当行情发生转变时，基金的延续性表现各异。有数据表明，在两年排名相互独立的假设条件下，转换概率基本维持在 20% 左右，正如前面数据所表现的那样。但是在 2007—2009 年间，数据表现各异。

2007 年净值增长在前 1/5 的基金中，在 2008 年上半年可以保持的概率是 20.83%，而下降到后 1/5 的概率是 37.50%；但是 2007 年排名在后 1/5 的基金中，在 2008 年上半年保持一星级的概率是 12.89%，上升到四星级以上的概率却高达 53.19%。

同样，2008 年业绩排在后 1/5 的基金有一半以上在 2009 年都上升到前 1/5，而前 1/5 的基金中，则有超出 40% 的基金跌到后 1/5。

所以，行情发生转变的时候，靠基金排行榜选基金很有可能惨遭损失。

（3）选择热门基金也有风险。基金排行榜人人都可以看到，如果一只基金连续上榜，那么时间久了自然就会成为热门基金。但对于普通投资者来说，等大家关注这只基金时，往往已经是该基金达到顶峰开始回落的时候了。

除此之外，有的热门基金是机构故意炒热的，就等着普通投资者买入，这时候也是风险最大的时候，会带来不必要的损失。

既然靠基金排行榜选择基金不靠谱，那么要怎样才可以选到好基金呢？

首先，考虑基金的综合业绩。比如，有两只基金近两年的净值增长率是 20%，基金 A 第一年的增长率是 60%，第二年的增长率是 -40%，而基金 B 第一年与第二年的增长率都是 10%。那么，基金 B 显然更稳健，更适合投资者选择。

其次，要看基金的发行机构与基金经理的过往业绩。大公司的基金一般来说更靠谱一些，不过也不是大公司下的所有基金业绩都很靠谱，只能说上当受骗的可能性小一些，但是表现不好的基金还是会有的。如果选择小公司的基金，则可以先去基金业协会网站上查一下。

关于基金经理，如果基金经理的过往业绩不错，比如该基金经理可以跑赢市场，牛市领涨、熊市抗跌，并且履历也很不错，那么就说明该基金经理已经过市场检验了，是有一定水平的。

另外，选基金还要看基金的产品性质。投资者一定要看清楚选择的基金是股票型基金还是债券型基金，个人风险承受能力不同，选择的基金也会不同。股票型基金风险更大一些，如果想要稳健收益，则最好选择债券型基金。

基金排行榜并不是万能的，选择基金还是要综合考虑多方面的指标。同时，要根据个人的实际情况选择一只合适的基金，这样才能更安心。

◆ **理财案例**

沈涵是一个个体户，他手头有闲置资金20万元，但一个月以后，这笔钱就要拿去交付货款。这件事让他很苦恼，这时候，他想起自己有一个老同学是基金公司的，便打电话向其咨询。

沈涵在电话里一通诉苦，他说："如果我这个月买了一只偏股型基金，刚好遇上股市下跌的行情，一个月下来跌了20%，等我割了肉交付货款以后，市场又好起来了，不到一个月的时间又涨了40%，那么对我来说，这只基金是好基金还是坏基金呢？"

老同学听了沈涵的抱怨之后，笑道："这世界上本来就没有绝对好的基金，我们要选择的是最适合自己的基金。"

案例启示

原来沈涵的顾虑是多余的。每个人投资时都应该根据自身状况来选择基金。比如，沈涵的这笔钱要拿来交货款，不适合购买这种变化大的基金，在短时间内这是一只不好的基金，但如果可以长期拥有，则是一只好基金。

2.1.4　基金买卖中必须知道的六大信息

现在，大家的生活水平提高了，满足生活需求后，手里还会有一些盈余。一些人就会拿这笔钱进行投资理财，基金就是其中较为热门的一个投资方向。大家只知道一股脑儿地投资基金，但是真的有人是完全了解基金后再购买的吗？怎样买基金才可以既安全又可以获得高收益呢？

1. 买基金当天是查不到份额的

一般情况下，当天买的基金，基金公司会在下一个交易日确认份额，而用户也只能在确认份额后的下一个交易日，通过基金公司官网、销售机构、理财平台，在自己的账户名下查询买了多少份额、成交价是多少。这也就意味着，买基金的当日是查不到购买的份额的，要在两个交易日后才可以查到。

其中，QDII基金比较特殊，基金公司是两个交易日确认份额，用户在购买后的第三个交易日才可以进行查询。

不管是通过哪个销售机构、理财平台购买的基金，都可以在基金公司官网上进行查询。

此外，如果是在基金公司官网上申购的基金，用户购买之后，不管能不能查到份额，一般都可以在基金公司官网上查到交易状态。

> **小贴士**
>
> 交易日可以简单理解成A股开盘的日子，一般都是工作日，即周一到周五。每个交易日超过15:00的申请，都会视为下一个交易日的申请。比如，周二、周三都是交易日，用户在周二16:00申购某基金，因超过了周二的15:00，就会算作周三的申购交易，以周三的基金净值来计算。
>
> 如果周一到周五碰上了节假日，A股是不开市的，所有的交易、查询都要顺延到下一个开放日。比如，2016年1月1日是周五，同时又是元旦，那么这个周五就不是开放日。如果是周四15:00后的申请，那么周五放假不能确认，要到周一才能确认，周二才可以查询。

2. 买基金时你是不知道价格的

开放式基金采用"未知价"交易原则（货币市场基金较为特殊，净值就是1.00元）。基金的申购、赎回价格，以申请当日收市后计算的基金份额净值为基准进行计算。即T日15:00前申购的基金，实际的成交价是该基金T日的份额净值。这个净值要收市以后才能计算出来，一般是T日20:00左右通过官网公布。

用户在T日15:00前的申购、赎回、转换等交易，当时是无法查到T日的基金净值的。可以查到的最新净值是该基金T-1日的份额净值，并不是用户T日的实际成交价，仅供参考。

3. 周四15:00后买货币基金很不划算

货币基金是从份额确认日开始享受收益的，即T日申购，T+1日确认份额，T+1日起就可以享受收益。

假设周五、下周一都是交易日，不是节假日。如果用户在周五申购了货币基金，周六、周日是公休日，不是交易日，因此份额的确认需要顺延到下一个交易日，即下周一才可以确认份额，并且享受收益。那么，周六、周日两天是无法享受收益的。

如果用户是周四 15:00 前申购的货币基金，则周五确认份额，并且开始享受收益，周六、周日也能享受收益。

所以，如果用户已经打算申购货币基金了，则最好避免周五申购或者节假日的前一个交易日申购。

4. 购买基金后交易是可以取消的

在大多数情况下，T 日的申购、赎回、转换等交易，可以在 T 日 15:00 前撤单。不能撤单的情况主要包括三种：

（1）T 日的交易，T 日 15:00 后才撤单。

（2）货币基金 T+0 快速取现。

（3）认购新基金。

 小贴士

2016 年 1 月 4 日、1 月 7 日发生熔断的交易时间比较特殊，以当时公告为准。

5. 基金赎回后并不都要 3～5 个工作日到账

赎回资金的到账时间和赎回的基金类型、赎回渠道有关。一般情况下，通过基金公司官网、官方 App 购买的基金，在赎回时到账时间快，一般比银行、证券公司等销售机构快 1 日以上。比如，通过官网 T 日赎回基金：货币基金最快 1 秒到账；指数型、混合型基金最快 T+1 日 15:00 后到账。

6. 分红方式是可以反复修改的

开放式基金分红是基金将收益的一部分派发给投资者，这部分收益原来就是基金资产的一部分，分红本身是不会增加用户的收益的，其实是分了自己的钱。

（1）现金分红。收益分配时直接以现金形式，将红利款项发放到投资者账户中。如果用户需要用钱，或者不看好后市，那么选择现金分红可以落袋为安。

（2）红利再投资。收益分配时，把红利款项按照除权日的份额净值，自动转为基金份额进行再投资，红利再投资部分免收申购费。如果打算长期投资，现金暂时没用，那么可以选择红利再投资。另外，如果看好后市，预计上升空间比较大，那么选择红利再投资可以实现"利滚利"并且节约申购费用。

基金分红方式并不是一成不变的，每次分红时，在权益登记日之前都可以进行修改。如果进行了多次修改，则以权益登记日在注册登记机构记录的分红方式为准。

◆ **理财案例**

齐悦见别人买基金赚了钱，自己也很动心，也想买点儿。但他对基金不了解，看到有的基金要1元多，有的要3元多，他想，难道是所有的基金开始时都是1元，后来涨到3元就说明钱涨了3倍吗？究竟买1元的基金好还是买3元的基金好呢？带着这些疑问，他向互联网理财平台的客服寻求帮助。

互联网理财平台的客服告诉他，1元基金还是3元基金并不是要考虑的主要因素。比如，不考虑手续费的话，1 000元可以买1 000份1元基金或500份2元基金，又或333份3元基金。如果这三种基金的净值涨幅都是10%，那么投资1 000元的涨幅也是10%。基金涨到3元的说明前期业绩好，操作能力强，再涨10%也是很有可能的。而1元基金由于刚发行不久，不能判断是否可以涨10%，可以先观望一阵再买。总之，买基金主要看的是基金经理的投资能力，能否将投资者的钱增值。增值速度依赖的是基金经理的投资能力，而不是依赖该基金目前的净值。

━ **案例启示** ━

其实，像齐悦这种基民新手在初次购买基金时都会遇到这种问题，大多数人以为高净值基金"贵"，上涨空间不会太大，容易走下坡路，因此选择了便宜基金，甚至有的投资者只买1元基金。基金净值确实是选购时需要参考的一项因素，它直接决定了单位投资成本的高低。然而，对于基金投资而言，投资基金的回报来自于持有期该基金的增长率，和购买时的单位净值并没有太大的直接关系。作为专业的投资管理人，基金经理会根据宏观经济形势变化、行业景气度变化及公司经营情况变化，对组合中的个股进行动态调整，把组合中价格被高估的股票抛出，并且买入价格被低估的股票。基金管理人的投资管理能力越强，就越能更好地对基金投资组合进行优化，从而实现良好的净值增长。

因此，单位净值在1元左右的基金，如果基金管理人的投资管理能力比较弱，那么它的净值增长率不一定会很高；而单位净值高的基金，如果其管理人的投资管理能力很强，那么净值增长率依然可以获得一定的增长。所以，高净值的基金不一定"高估"，低净值的基金也不一定"低估"。投资者在选择基金的时候，应该把关注的重点放在基金管理人的投资管理能力上，而不是只看单位净值水平的高低。

2.2 P2P 理财

如今互联网理财中，P2P理财混得风生水起，许多人看着P2P理财产品的高收益，都按捺不住内心的好奇，想要投入资金一搏，但又惧于频繁曝出的问题平台老板跑路、贷款人还款困难逾期还款、资金被套牢凭空消失等事件，一直不敢下手，也不知道该投入多少资金在 P2P 理财产品上。

其实，现在大多数 P2P 理财平台正逐步走向正规化，许多平台都有本金保障，投资者最应该选择的不是某一个具体的投资标的，而是平台。判断一个平台是否值得投资，是每一个投资者都需要思考的问题。

小贴士

如果平台本身可靠，那么所有的标的都有了保障，也就不存在借贷人是否有借款资质、风险是否过大的问题了。如果平台本身都带有欺诈性，那么不管平台上的产品或标的看起来收益率多高，都不应该选择。

2.2.1 P2P 理财的优势

人的一生都必须和钱打交道，这就决定了同等条件下，会理财的人生活得比不会理财的人可能要好。从前面介绍的银行储蓄来看，其因不方便、利率低的特性逐渐不再受大众欢迎，而近年来的 P2P 因为利率高、结息快等优势受到了部分人的欢迎，但受 P2P 公司跑路事件的影响，现在 P2P 理财产品还能购买吗？其又具有哪些优势？

1. P2P 网贷理财的投资门槛低

目前，现在的 P2P 网贷平台投资门槛普遍较低，一些平台投资门槛低至 50 元，甚至 1 元起投，所以只要你想投资，无论资金多少都可以尝试。不过，对于 P2P 网贷理财新手来说，为了降低投资风险，最好分散投资，将资金分开借给不同的人，在不同的网贷平台上进行投资，这样就起到了分散风险的作用。

2. P2P 网贷理财的风险更容易把控

和其他目前比较热门的理财方式一样，P2P 网贷理财同样具有风险性，其风险主要来自平台本身和借贷者，所以只要网贷平台具有实力，是正规可靠的平台，然后再提高风控能力、加强借贷人的审核等，就能把风险控制在最小的范围内。

3. P2P 网贷理财不要求投资者有理财经验

P2P 网贷投资是一种借贷关系，以网贷平台为枢纽，完成借贷人和投资人之间的资金交易。与其他目前热门的理财方式相比，P2P 网贷理财属于互联网理财，平台用户只要有电脑就可以轻松进行理财，所以对于用户来说并不需要有理财经验，就能享受到高于其他理财产品的收益。

4. P2P 网贷理财具有很好的收益

目前 P2P 网贷理财行业的平均收益在 6%～20%，和其他理财方式相比，P2P 网贷理财的收益还是较高的，真正实现了理财的目的。

P2P 理财现在还靠谱吗？随着 P2P 理财平台的异军崛起，P2P 行业的一些问题也逐渐显露出来。一方面，当这些问题影响到资金市场的安全时，国家开始出面干涉，对 P2P 行业进行了一些整顿和规范；另一方面，随着资金的大量涌入，资产端争夺的加剧，各个平台的运营成本增加，于是纷纷选择降息。不过，相信在这次合规、降息浪潮中，许多已经接入银行存管且积极调整资产端业务的 P2P 理财平台一定会经受住考验、坚持下来的。

只有了解了各种理财产品的优势，才能做出合理的规划。只要按照正确的方法去实施，总有一天会积累到意想不到的财富。

◆ 理财案例

顾言生活在二线城市，是一家国企的员工，29 岁的他很早就热衷于理财，但是，和许多理财爱好者一样，他最开始接触的都是银行理财产品。

一个偶然的机会，他听同事说曾在一家 P2P 网贷平台工作过，当时年化收益为 13%，虽然比银行的年化收益高出很多，但是当时顾言并没有动心。毕竟，顾言并不了解这个领域，担忧是人的安全本能反应。

从去年开始，顾言收入逐渐稳定，依靠自身良好的理财习惯，他已经有了几十万元的存款。此时，他已经不再满足于银行理财产品的收益，他希望找到一种既不需要花太多时间打理，又可以有较高收益的理财途径。

通过对比分析，顾言认为，股票市场风险太高，银行理财产品的利率太低，信托产品利率高但投资门槛高至 100 万元。只有 P2P 这种通过网络平台把借款人与出借人直接联系起来的理财途径才能满足顾言的需求。P2P 理财投资门槛可高可低，收益率大多能够保证在 10% 左右。并且，身边也有朋友在尝试这种理财方式，于是顾言也开始认真考虑投资 P2P 的可能性。

既然是投资，那么风险是无法避免的。100% 本息保障并不等同于担保的安全，因为担保额度是和担保公司的规模直接相关的。所以，风控是一家 P2P 网贷平台对投资者最好的信心保障。

顾言通过同事介绍接触了一家保证本息的 P2P 平台，该平台的交易规模已属全国前列，并且主打车贷、房贷等小额贷款业务。投资者不需要自己选标的，就可以获得 11% 左右的年化收益率。顾言认为，这样的 100% 本息保障对他这种新手来说是安全的。

> **案例启示**
>
> 如今，随着P2P网贷行业自身的不断完善与成熟及逐渐适应市场，银监会的监管确认及即将出台的监管政策，P2P网贷在经历了市场的洗礼以后，更具投资价值。

2.2.2 根据投资资金选择合适的P2P平台

一般来讲，投资可以分为几个阶段，越是专业，越需要花费更多的精力。投资者可以根据自己的心理预期投入，即自己想要在P2P平台投入的资金额度，来确定自己属于哪一阶段，再确定自己应该在上面花费多少时间与精力。

选择平台的原则如图2-1所示。

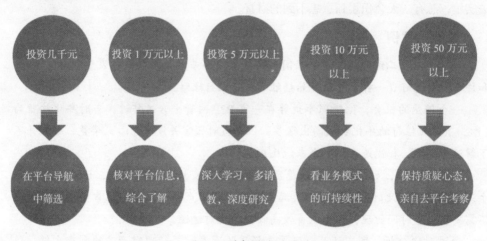

图2-1 选择平台的原则

1. 投资几千元

一般投资几千元的投资者都是抱着试水的心态，事实上，几千元的投资即使在收益较高的P2P理财中也很难获得很多收益，一般一年的回报也就几百元。

如果投资者只想投资几千元在P2P平台中，那么这种投资更有价值的是学习P2P投资的经验。在几千元的阶段，最重要的就是了解这个行业，而想了解这个行业，最好的切入点就是第三方网站。

比如，网贷第三方垂直门户"网贷天眼"会对列入导航的平台核查一些基本的信息，看证件是否齐全、法人是否有诚信问题等。一些负责任的第三方平台还会进行实地考察。从长远来看，这些基本核查并不能保证导航中的平台绝对没问题、安全可靠，但也可以过滤掉很多低级的诈骗平台。

> **小贴士**
>
> 第三方网站收录导航时,是没有收费要求和门槛限制的,只要新平台提交申请,通过了基本信息的核查,就可以被第三方网站列入导航。有的问题平台担心核查无法通过,或者在第三方网站被披露,是不敢加入导航的。

不过,对于投资者来说,也不能盲目地相信一些第三方网站的导航,因为投资者不知道门户之间是否存在利益关系。有的第三方网站很不可靠,为了利益放松对平台的审核。作为投资者,应该如何应对这种情况呢?答案是:货比三家,综合分析。

目前市场上的 P2P 平台多达几千家,但收录在第三方平台导航中的 P2P 平台网站只有几百家,对于一些没有加入导航的 P2P 理财平台,投资者一定要谨慎选择。通过导航选平台的方法基本可以过滤 80% 左右的风险。

2. 投资 1 万元以上

当投资者投资 1 万元以上时,应该仔细核对平台在网上公布的信息与资料,了解其团队信息与综合情况等。

一般投资额达到 1 万元以上的,每年的收益都有上千元,这时候,就应该多花些时间来研究理财产品。

在经过第三方导航进行初步筛选以后,可以排除一些简单的诈骗网站,接下来就要选择一个自己感兴趣的平台进行深度研究。

最简单的方法就是在百度或者一些第三方门户上搜索该平台有没有负面信息或者平台爆料帖子。如果一个网站的负面信息太多,那么就要谨慎了;如果没有特别明显的负面内容,则可以尝试投资一段时间,然后在实操过程中进一步了解网站。

> **小贴士**
>
> 投资 1 万元以上的阶段,基本是投资新手快速成长的阶段,投资新手逐渐会接触到越来越多的网站。有的投资新手一开始没有太多的经验或者理财知识,会因为某些平台的洗脑式宣传而陷入其中,但随着掌握信息量的不断增加,投资者就会形成自己的投资观念,也会有筛选平台的经验,从而积累理财知识和经验,构建出自己的投资理念。

3. 投资 5 万元以上

如果投资者拿 5 万元以上的资金投入到 P2P 理财中，那么赶紧结束单打独斗吧！

一般投资额超出 5 万元时，每年的利息收益可达上万元，对于年轻的单身小白领来说，已经是不错的收入了。但是，随着本金的增多，一旦投资出现失误，也会损失惨重。这时候，就需要投资者谨慎对待，把 P2P 网贷理财当作自己一个重要的项目来跟进。

处于这一阶段的投资者，只靠自己单打独斗，通过百度或者平台搜索出的一些基本资料来判断网站的可靠性是不行的。因为投资者自己无法准确判断一个平台是否可靠。有的诈骗平台会通过各大网站大量发布软文来吸引用户投资，网站的全部内容都是伪造的，甚至会抄袭一些成熟网站的内容来迷惑用户，如照抄其他网站的团队成员资料等。

有的投资者过于自信，认为自己非常谨慎，也有分析网站资料判断正误的实力，但最后还是被骗了。因此，如果想要投资互联网金融，那么也要具备互联网思维，切忌盲目自信，孤军奋战。投资者除在行业门户网站中学习各种资料、大量了解平台信息外，还应该和 P2P 投资前辈多多交流投资经验，这样才能避开绝大多数陷阱。

4. 投资 10 万元以上

当投资者投资 10 万元以上时，必须了解该平台的业务模式，判断其是否具有可持续性。

经过一段时间的学习、小范围的试投资后，有的投资者想要在 P2P 平台投入 10 万元以上的资金。能达到这个规模的，基本上是对某一平台进行长期投资的专业 P2P 网贷投资者了。处于这一阶段的投资者，最看重的不应该是赚了多少，而是不要亏损本金。从别人那里拿到了多少并不重要，重要的是不能让别人把自己的钱拿走了。因此，投资者必须对主要配置资金的平台进行深度研究。

小贴士

> 对平台进行深度研究的重点是了解平台的业务模式，分析网站的业务是否是真实的、资料是否是齐全的、商业模式是否具有可持续性等。了解平台的业务模式可以帮助投资者排除自融、掮客、庞氏类平台，避免突发性风险导致的本金亏损情况。

在这一阶段，投资者应该更多地关注行业信息。P2P 网贷理财的收益是很高的，其对应的风险也不低，尤其是现在监管不足、政策性风险大，对网贷平台影响很大。

投资者必须随时关注行业走向，调整资金配置。

此外，投资者应该和 P2P 网贷理财投资前辈形成社交圈，一方面可以相互交流、相互学习；另一方面可以获取灵活的信息资源。很多发生问题的平台事发前都会有人发现问题，并在第三方平台和社交圈里提出。只要投资者保持敏感，随时关注这些信息，就很容易确认并规避这些风险。

5. 投资 50 万元以上

如果投资者打算在 P2P 理财平台投资 50 万元以上，那么一定要前往平台进行考查。

当投资者预期投入 50 万元以上在 P2P 理财平台时，每年获取的收益有 10 万元左右，这已经是职业投资人的水准了。

在这一阶段，投资者只靠网上的信息进行判断已经不够了。虽然在第三方网站可以查到大部分平台的考察报告，但是这些报告都不是投资者发的，不知道作者的身份，是否掺有水分也无从得知，无法从文章判断这些考察报告来自于投资者还是来自于平台的员工。所以，对于自己打算重仓进入的平台，投资者一定要亲自前往，实地考察。

考察也需要大量的时间和成本，如果在某一平台的投资额并不多，获得的收益还没有付出的成本多，则无须进行实地考察。只有打算在某一平台投入较大金额时，才应该进行实地考察。

> **小贴士**
>
> 如果投资者没有考察的经验，那么可以先对自己所在城市的几家平台进行考察，熟悉考察流程。但要记住的是，并不是距离自己近的平台就是可靠性高的平台，不能因为平台和自己在一个城市就放松了警惕，毕竟平台想要跑路是很快的，再近也追不回来。

对于路途遥远、需要出差考察的平台，应提前和平台的客服联系，询问相关情况。有的平台为了宣传平台自身透明度高，是乐意投资者前往考察的，甚至还会报销一部分考察费。

到达考察平台实地后，要先了解公司规模，确定公司人数是否与其业务规模匹配。有的公司宣传时说自己规模上千万或者上亿元，但是公司里面一共不到 10 个人，那么投资者此时就应该保持怀疑了，这样的公司有很大的可能是从事转贷业务或者庞氏骗局。

一定要考察最核心的项目。到了平台公司后要主动提要求，查看借款人资料。检查借款人资料是否正规是比较专业的，如果自己没有把握，可以在考察时带上内行的朋友同行。在抽查借贷资料时，一定要在网站历史借款需求中随机选择，不可只看网站主动提供的内容。如果在这一环节受到阻挠或者敷衍，则说明网站很有可能存在虚假业务。一旦出现这种情况，那么考察也就可以告一段落了。

如果有机会和平台管理层交流，那么要多观察高管是否和网站宣传的一样。如果网站高管一直在交流过程中炫耀自己公司的"实力"，说公司多么有钱、有多少人脉，或者底下有多少实业，那么就要当心了。一般来说，这种平台是投资者最需要规避的，因为这样的平台很有可能出现平台自融。

另外，也要多和各个部门的底层员工交流，通过他们了解公司的运作情况，同时随机询问某个岗位的日常工作内容。一般骗子是无法伪装基层员工的，如果对方无法表达清楚自己的真实业务或者工作内容，那么就要警惕了。

最后要注意的是，自己内心一定要坚定，时刻保持质疑，不能因为对方抛出高利率就提前接受了这个平台。存在这种心理的投资者很容易忽视一些细节。并且，这种情况会在投资者潜意识里产生一种不安感，并且在考察时时刻寻找令自己安心的因素，也就是替平台说话。这种心态常常会导致整个考察过程变成自己在帮助平台给自己灌输信息，欺骗麻痹自己。

◆ 理财案例

李云、韩宇与顾东林是大学同学，上学期间，三人合伙做了一点小生意，2003年三人大学毕业时，每人都赚了1万元。李云毕业之后进入老家一个事业单位上班，在同事的影响之下，他把钱存入了银行，等到2015年时，他的钱变成了3万元。韩宇毕业之后回到老家广州，周围亲戚朋友都在做生意，他就和朋友一起合资购买了一个小商铺，2015年商铺出售时，他的收益达到40万元。

顾东林老家在深圳，毕业之后他回到深圳工作，深圳的股票投资氛围很浓，他把自己的1万元购买了3只原始股，等到2015年时，这3只股票的市值已经涨到了140万元。同样是1万元，因投资理念不同，产生了3种不同级别的财富。

---案例启示---

"投资改变命运"这样的话放在当今社会已经有些过时了，因为在经济全球化背景下，一个人拥有的投资理念不同，其所积累的财富也不同。作为一名投资者，只有强烈的投资意识是不够的，投资理念必须跟上时代发展的步伐。如今市场上的理财产品五花八门，大众投资领域逐渐从线下发展到线上，互联网理财成为潮流，成为大势所趋。如果有人依然做着"打工皇帝"的美梦，那就只能看着别人带着新颖的投资理念去积累财富了。

2.2.3 通过目标收益率选择 P2P 理财平台

人们投资一款理财产品,都是为了可以获得高回报,愿望虽然美好,但要想实现却没那么容易。

目前市场上的理财产品种类丰富,可以供不同收益目标的投资者选择,但投资也不能一味地只追求收益率,还要清楚自己可以驾驭多高的收益率。

1. 收益率 6%～8%

这样的平台适合对互联网理财没有太多经验、上网时间不多的人。事实上,此类平台的主要宣传方式在线下,主要通过线下讲座、路牌广告等方式进行宣传。虽然这类平台是在网上,但网站的经营思维和宣传手段还属于传统方式。这类公司一般规模庞大,动辄上万人。

对于没有互联网理财经验的人来说,选择这类网站是明智的。在这一阶段,投资者只要选择平台即可,不需要任何 P2P 投资技能和知识。

> **小贴士**
>
> 这类投资方式和购买传统的理财产品差不多,但收益率远高于传统理财产品。

2. 收益率 8%～12%

这一类 P2P 理财平台的宣传推广方式一般是打造"高大上"(高端、大气、上档次)的团队,获取白领阶层的认可。同时,他们还会在一些门户网站或者理财类媒体上投放广告。

这一类平台适合有一定互联网投资经验,对闲置资金理财有一定需求,但没有太多时间与精力打理的白领阶层。这部分投资者也是目前互联网金融用户主体。

对于刚刚开始接触 P2P 投资的人来说,在一些比较成熟的大品牌网站中选择这一类利率的理财产品是比较合适的。前期学习成本低,把资金投出以后可以在回收资金的过程中慢慢积累相关经验。

这一类平台的收益比第一类平台高,但和第一类平台的借款人群体是一样的。收益之所以更高一些,是因为平台商业模式不同。这一类平台的投资人都来自互联网,方便管理,平台人力成本比较低,只需要更少的运营成本就可以成功运营,从而留出了更多收益给投资者。

3. 收益率 12%～15%

处于这一收益率区间的平台常常都是创立时间比较长，现在已经进入成熟期的平台。这一类平台早期的利率都比较高，积累了一定量的用户，品牌逐渐得到认可以后，利率逐渐降低，保证平台可持续发展。

这一类平台比较适合有一定投资经验的人，这些人大部分是从上一阶段成长起来的。入门级投资者通过一段时间的学习和了解，已经具备了一定选择平台的能力，他们想要获取更高的收益。

小贴士

> 这一类平台之所以能够实现高收益，主要是因为他们在网络推广过程中投入很少，节约出来的成本被用来补贴利率，从而吸引了更多的投资者。

这一类平台的用户成本比前面两类平台要低得多，但是此时网站也开始面临很大的经营风险，需要投资者长期关注一些行业门户网站信息，和其他投资者通过QQ群或者论坛经常交流，保证P2P理财平台出现经营风险时可以及时退出。

4. 收益率 15%～20%

能够达到这一收益率的平台已经不需要太多宣传了，只靠收益率就可以吸引许多投资者。高回报就是最好的广告。这一类平台的老板基本出身于民间借贷，之所以能够给投资者提供如此高的收益，是因为他们为了更好地切入市场，会在前期投入一些收益补贴。

这一类平台的优势常常体现在开发方面，而不是市场宣传方面。

敢于对这一收益区间下手的投资者，一般已经投资了很多年，有许多投资经验。投资这一区间已经不能只靠资金和时间了，而是应该把P2P网贷理财当作自己的事业来奋斗。投资者需要融入老投资者的社交圈子，同时也应该经常去投资平台实地考察。

小贴士

> 只有投资额比较大、依靠利率收益就可以保证生活，想要把网贷理财当作人生事业来经营的人才适合这个领域。

从以往现象来看，真正可以通过良性经营不断做大，最后平稳落地的平台非常少。

许多平台都因为资金断裂而倒闭了。投资者如果没有持续的观察能力，只靠网上公开的信息，则很容易失手。

5. **收益率 20% 以上**

处于这一阶段的许多平台从成立之初就已在灰色地带了，投资者从这类平台获取的收益有一部分已经脱离了法律的保护。

> **小贴士**
>
> 法律只保护银行存款 4 倍利率范围以内的收益，超出的将不在保护范围内。

敢于在这类平台投资的基本属于 P2P 投资中的纯粹投机者，大部分人其实是清楚知道这些平台所蕴藏的风险的，同时，P2P 投资新手也不敢投资收益如此之高的平台。真正会选择这一类平台的投资者不外乎以下几种：觉得自己判断力准确，不会被套牢；认为自己分散投资可以分散高风险；无法抗拒高收益，从而丧失理智；被他人洗脑，跟风加入。

投资这一类平台就像坐过山车，要不断经历大起大伏，有的人走运，获取了高收益；有的人倒霉，资金被套牢，血本无归。在近几年出现的 P2P 平台倒闭事件中，处于这一阶段的投资者损失最为惨重，但是在暴利的吸引下，这种超高收益的网站和选择这一类网站的投机者永远不会消失，每年都有大批人入局。

投资者不应该盲目追求高收益率，而应该根据自己的实际情况选择适合自己的收益类型的网站进行投资。对于无规律可循的网站应该尽量避免，这一块是密集"雷区"，市场自然纠错机制会对其进行大面积清洗，这种属于极少数勇者的冒险普通人还是尽量不要参与了。

◆ **理财案例**

孙淼和妻子今年均 28 岁，孙淼在一家外企上班，目前税后收入 8 000 元/月，年终奖有 2 万元。妻子是一家公司的主管，税后收入 4 500 元/月，年终奖有 5 万元。两人都有五险一金，双方父母都有医保和商业保险，并且身体健康。

孙淼和妻子有一套 180 万元的自住房，目前还有 75 万元房贷未还，扣除公积金代扣，每月需还房贷 2 300 元。夫妻二人每月生活开支 4 000 元，并且两人购买了保险，保费每年 1 万元，车险每年 3 500 元，过年过节给双方父母共 3 万元。

在资产方面，孙淼和妻子生活准备金 2 万元，银行存款 5 万元，两人还定投了 2 年基金，账户有 3 万元，收益率在 5% 左右。

两人希望在明年生个小宝宝。他们想要建立合理的家庭理财保障体系，分阶段准备房屋贷款、孩子教育金、夫妻养老金，不能承受风险性较高的股票类投资。

— 案例启示 —

通过上述案例分析可知，孙淼家庭储蓄率达47.5%，收入属中上，支出一般，理财规划的弹性较大。资产负债率是37.7%，家庭资产负债结构比较合理。但是孙淼家庭的投资资产低，结构单一，获利能力比较弱。夫妻二人没有孩子，今后几年会面临还贷、小孩教育及养老等多方面的问题，开支会进一步增多。目前一定要注意开源节流，为今后的生活做好各项规划。

其实，像上述案例中的家庭还有很多，针对这种比较年轻的普通家庭，面对房屋贷款、赡养老人、抚育孩子等各项压力，如何进行合理的家庭理财规划非常重要。对于这样的家庭，在进行投资理财时，最好从开源节流开始，然后进行稳健型的互联网理财规划。

2.2.4 选择P2P平台的4个小技巧

选择P2P投资理财产品之前，需要正确地选择P2P平台，那么应该如何选择P2P平台呢？以下4个选平台的小技巧需牢记。

1. 选择信誉度高的P2P平台

一般而言，网贷P2P平台规模越大，资金规划就会越大，在一定程度上也就保证了资金的流动性，同时大P2P网贷平台的风控措施也较为标准，有助于降低风险。

2. 了解P2P平台的风险管控措施

目前纯信用的借款事务坏账率在增高，越来越多的渠道已经转向抵押借款事务。因此，投资者更重视借款的抵押物，抵押物价值越高，风险就相对越低，因为一旦出现逾期情况，P2P平台就会变卖抵押物以补偿投资者的损失。

3. 弄清楚理财项目的去向

P2P平台需要公开借款人用钱的目的，借款人是否有固定收入。根据相关数据显示，从事公务员、教师、医生等职业的人收入稳定，还款也相对稳定。

4. 平台是否有担保或风险准备金

P2P平台只是中介平台，并不能为自己担保，因此大多数P2P平台和担保公司合作，同时准备风险准备金。一旦借款人出现逾期或者坏账的情况，则由平台从风险准备金中取出部分先行归还本息，以保证投资者的合法利益。

普通的借款项目、优选借款项目及余额类项目各有特点，投资者可以根据自己的需要进行选择。同时，在选择投资理财项目之前，首先要正确选择 P2P 平台，如此才可以事半功倍。

◆ 理财案例

秦致远是 P2P 网贷理财平台的一名投资者，经常投资平台的各种活动标。他通过计算发现，这种活动标加上返现与赠送商品等项目收益，年化收益率可以达到 16%～20%，远高于 P2P 普通标的收益。

某 P2P 理财平台曾经推出这样的优惠活动：新注册用户可以获得 100 元红包，如果投资 2 000 元，就可以得到 20 元红包，返利 60 元，总计获利 80 元，这相当于白白得到了 4% 的收益。若是投资 20 000 元以上，那么可以充分利用注册红包与返现奖励，收益还会更高。

更夸张的是，有的活动规定，如果新用户通过 App 完成投资，那么平台还会每投资 100 元再返 10 元，所以首投 20 000 元就可以立即获得 1 100 元，相当于马上得到 5.5% 的收益。

秦致远投资的 P2P 理财产品年化收益最高达 13%，再加上平台赠送的 5.5% 的收益，总收益高达 18.5%。

案例启示

这种超高收益促使市场形成了抢购的热潮。很多投资者开始专门抢秒标。秒标是指快速购买，标满即刻返还本金与利息的一类投资产品。这种产品一般没有真实的借款人及借款项目，是平台为了增加人气而发布的一些虚拟标的，标的的金额不是很大，年化利率不等。

虽然秒标活动是投资后即刻返还，但是在一些平台中还是出现了提现困难的情况。此外，一些问题平台会利用秒标者的投资心态设置骗局，吸引投资者把资金转入其账户。比如，秒标产品到期后，虽然平台把本金与利息按时返还到了投资者账户内，但是又规定资金需在几个月以后提现。这种做法其实就是在拖延投资者的时间，等到资金筹集到一定目标之后，平台就会跑路。因此，贸然投资这种高收益产品很可能会带来高风险。

投资者在投资 P2P 平台理财产品时，应该理性地评估投资收益和风险，做好前期考察，看平台是否正规可靠，不可一味地追求高收益。

2.2.5 认清骗局，远离跑路者

在投资理财界，总是充斥着各种骗局。P2P投资理财也不例外，投资者在投资之前，需要了解清楚P2P投资理财的常见骗局，才能防患于未然。

1. 平台提现困难的原因

（1）通过发假标来募集资金，建立"资金池"为自己或者相关企业进行融资"输血"。这种P2P网贷平台一般采用借新还旧的操作方式，一旦没有新的资金流入，就会导致资金链断裂，造成提现困难。

（2）实力不够。前期项目审核时，风控能力不足，借款给劣质借款人；后期平台实力不够，无法为逾期项目兜底，导致提现困难。

2. 平台跑路的原因

（1）通过虚构各类资质，以极高的收益率作为诱饵，通过借新还旧的方式，不断吸收资金，当达到期望的金额或者后续资金难以为继时便消失跑路。

（2）有些P2P网贷平台因操作、风控、网站安全等出问题，实力有限，导致提现困难，平台无法承受，选择跑路。

3. 辨别纯诈骗平台

纯诈骗平台的特征如图2-2所示。

信息造假	注册信息、合作公司、管理团队履历、办公地址照片等造假，甚至有些诈骗平台网站页面都是直接复制过来的
办公地址偏远	绝大多数的纯诈骗平台无实际办公地点，为防止出借人实地考察，办公地址多为城乡结合部或者县城的某处民房
网页粗制滥造	诈骗团伙极少会花精力打造和修饰平台网站，网页一般采用模板，美工丑陋，体验感比较差
收益极高	以高息揽存揽客，诱惑更多的人投资
成立时间较短	诈骗跑路平台存活时间通常不超过六个月

图2-2 纯诈骗平台的特征

> **小贴士**
>
> 普通投资者如果没有仔细甄别P2P网贷平台，就会陷入平台的诈骗陷阱，从而不仅会面临无法追回资金的损失，导致权益受损，更会因为缺乏具有法律效力的交易凭证等而无法维权。

4. 风控不严的跑路平台

P2P问题平台中有一类是因为经营不善引发流动性风险,造成资金链断裂,最终导致平台提现困难甚至跑路。和纯诈骗平台不同,这类平台在初期并没有不良目的,由于缺乏应对金融风险的经验,低估了行业门槛和风险,从而最终导致巨大的运营风险。

一般触发因素可以归为两类:

(1)风控不完善导致坏账过高。

(2)不守规矩。"自融"与"拆标"行为泛滥,从而产生严重的期限错配,最终导致平台资金链断裂。

其实国内许多P2P平台实际上扮演的都是"准金融机构"的角色,把资金引入到合适的、安全的投资项目中,如果平台本身再把资金汇集成资金池用到其他地方,就会导致用户资金并没有和平台的标的相匹配,而由于P2P平台本身又缺少专业的风控手段,从而隐藏了极大的风险。

事实上资产风险至少要一年以后才开始暴露,很多平台被"风险递延"所麻痹,后面甚至通过"借旧还新"来主动掩盖风险,导致风险集中爆发。

5. 安全P2P网贷平台的特点

- 公司自律,全程严格、合法合规。
- 有第三方资金托管。
- 有严格的风控审核。
- 有融资性担保公司100%本息担保。
- 平台在银行存有风险准备金。

◆ **理财案例**

袁瑞是一名P2P网贷理财投资人,经朋友介绍接触了一个P2P理财平台,此平台注册资本达2 000万元,在多地设有业务处。

袁瑞看这家公司为抵押借贷,抵押物登记在投资人名下,平台资料齐全,还有风险准备金,老总是自己老乡,又在电视上看过该公司的采访,便觉得挺靠谱。同时,该理财平台的理财产品收益率均在20%以上,令袁瑞很是心动,于是他没有多想就在该平台上投资了6万元。

该P2P平台突然发出公告,限制用户提现,并且承诺绝对不会跑路。公告令袁瑞有些恐慌,当晚,袁瑞就赶到该P2P平台的业务处。他发现,在业务处现场,已经来了一些投资人,现场还有十几个维持秩序、防止闹事的保安。袁瑞找到负责人理论,负责人帮袁瑞先提现了1万元,然后让他回家等待。

然而，袁瑞后来联系朋友才知道，该P2P平台的总经理已经搭乘飞机跑路了。

唯一庆幸的是，袁瑞并没有把所有资金都放在这个P2P平台上，他进行了分散投资，在其他P2P平台还有6万元左右的投资。

案例启示

在袁瑞等投资人眼中，这个P2P平台是网贷平台中资质不错的。产生这种错误认知的原因包括两点：一是收益率高，20%以上的平均年化收益率远高于任何正规大平台或传统银行理财产品的收益率。二是表面看来保障很充足。该平台宣称抵押以线下一对一模式展开，抵押物登记在投资人名下，并且该平台展示的资料较为齐全，还有风险准备金300万元。

在这样的诱惑下，许多人都忘记了实际要承担的风险，贸然买入，从而遭遇了平台老板跑路，资金全部损失。

2.2.6 P2P新手投资的10大经验

理财新手最怕的是什么？热情高涨却无从下手，网上理财经验五花八门，无从分辨正误。现在就带给大家理财达人的10条理财经验，以供理财新手参考。

1. 安全第一，收益其次

许多刚刚接触P2P行业的人，只看到收益，却很难辨别风险。其实对于新人来说，最好从平台资质、平台背景、风控、收益范围、资金托管等方面综合去选择平台。此外，还要选择几个资质不错的平台进行分散投资，从而降低风险。

2. 分散投资，勿集中

准备投资前，投资者可以先对P2P平台进行初步筛选，再做进一步的精选，挑选出最安全、收益好并且有保障的P2P平台，把资金分散投资在不同的平台上，从而降低投资风险。同时，不要把资金集中投资在平台的某个项目上，最好也分散开来。

3. 学习金融知识，打好理财基础

对于金融小白来说，应该多多关注金融行业的知识、学习理财技巧。如果对P2P投资理财不了解，那么可以通过各种渠道深入了解其背景信息，或者浏览行业网站，还可以加入一些与理财相关的讨论群。

4. 适中才是最好的

P2P平台的收益并非越高越好，如果平台年化收益率超出20%，那么新手就该警惕了。当然，年化收益率也不能太低，如果平台的年化收益率比银行理财产品还低，

那么投资又有什么意义呢？目前行业收益率一般在 8%～15%，保证了不同客户群体收益的稳定性。

5. 小额试水，缓步慢行

P2P 投资理财的理念与方法在较短时间内是很难形成的，需要投资者通过不断实践，并且和理论学习相结合，然后在不断的尝试与交流学习中逐步形成正确的投资理念。

6. 专业风控是刚需

在国内征信体系尚不完善的情况下，P2P 平台应该对借款人进行初审、面审、考察等一系列的贷前审核，从平台审核的专业度也可以判断风控团队的专业性。

7. 关注平台动态，掌握行业信息

如果已经选定了一个目标 P2P 平台，那么平常就应该更多地关注平台的新闻动态，同时可以在搜索引擎、门户网站等多个渠道中搜集和平台相关的信息。

8. 平台的借款人须小额分散

从某种意义上说，网贷平台如果能做到每笔借款都是小额的、分散的，那么就可以在一定程度上防止因某一个借款人的逾期、坏账而导致资金链断裂的情况。

9. 网站美观，体验度好

用户体验度的好坏、网站设计是否美观，这些指标可以从侧面衡量网站架构是否完善、功能设计是否人性化、公司管理是否规范化，这些信息也可以作为判断网贷平台好坏的指标。

10. 最好实地考察，看清真面目

对于投资新人来说，可以联系几个同城的、P2P 考察经验丰富的伙伴一同去公司进行实地考察，这样可以深入地了解平台运营团队的精神风貌、管理团队的专业水平、借款业务资料是否齐备等。

总而言之，投资者必须提高自己 P2P 投资分析决策能力，主要包括投资方向、标的全面分析能力、计算实际收益的能力、组合构建能力。投资者既要分析自己承受风险的能力，选择合适的理财产品，又要精确地计算收益，分散投资风险。

◆ 理财案例

郑秋阳投资了一款 P2P 理财产品，平台项目上标注的预期年化收益率是 12%。然而，一年后郑秋阳发现，他投资的 10 000 元一年后本息合计并不是他计算出的 11 200 元，而是 10 662 元。

通过咨询，郑秋阳才明白，该理财产品的预期年化收益率是12%，只不过采用的还款方式是等额本息，由于每个月都还给了投资者一部分本金，等到下个月借款人占用的本金就变少了，那么利息也就减少了，因此，一年的实际利息只有6%左右。

> **案例启示**
>
> 投资者在投资理财项目时需要额外关注还款方式，在等额本息（等额本金）的还款方式下，由于贷款方已经按月把一部分本金返还给投资者，所以该理财产品的实际收益率一般只有其宣传的预期收益率的一半左右。

2.2.7 不同投资方向的 P2P 理财产品收益也不同

◆ **理财案例**

黎朔一直都在国资系 P2P 理财平台投资，最近他开始频繁提现，把资金转移到另一平台上，只因为另一平台的理财产品的收益更高：同样是一年期的产品，之前投资的国资系的 P2P 理财平台的年化收益率最高只有9%，而新平台却可以达到12%。

> **案例启示**
>
> 某网站经过调查分析 300 家交易活跃的 P2P 网贷平台发现，这些平台的平均年化收益率主要分布在"9%～15%"和"16%～18%"这两个档位，和银行一年期定存利率 1.5%、普通理财产品年化收益率 5% 相比，P2P 投资理财的收益率堪称"触目惊心"。

在 P2P 平台四大派系中，银行系、保险系与国资系的收益率都低于行业整体平均水准。其中，银行系最低，普遍在 8% 以下；保险系 P2P 平均收益率是 8.61%；国资系平均收益率为 9%。民营系 P2P 平均收益率为 15.57%，略高于行业平均收益水平。

其实，同一家公司发行的 P2P 产品，即使期限相同，收益率也会忽高忽低。正因为如此，投资者对短期收益较高的投资项目情有独钟。

根据统计，P2P 理财产品超过 6 成期限低于 3 个月，投资期在 1 年以下的标的占 85%。投资金额门槛的设置也兼顾了不同客户层次，最低门槛只需百元，VIP 客户的资金门槛则高很多。53% 的标的投资金额在 5 万元以下。

在付息方式方面，有一次性到期还本付息，也有半年付息、季度付息。有的平台还推出月度付息产品，这种模式最适合打算全款买房的人。比如，原本准备全款 200 万元买房，首付三成之后，把剩余的 140 万元购买月付息的 P2P 产品，假设年化收益率为 12%，每月付息 1%，即 1.4 万元。而 5 年期以上房贷基准利率为 6.55%，采用等本还贷法，每月本息不到 1.2 万元，投资者付完房贷后还会有结余。P2P 月付息产品的推出，对原本打算全款购房者来说，借款期限越长，得利越多。

不过，高收益也意味着高风险。国外的 P2P 网贷是建立在高度个人信用基础之上的，引入中国之后，这一舶来品也根据国情有所变化，推出了一些承诺保障本金或者利息的模式，主要包括担保模式、风险备用金模式、担保 + 风险备用金模式。其中，采用担保模式的最多，占 56%；其次是采用风险备用金模式，占 31%；担保 + 风险备用金模式占 10%。恪守无垫付模式的只有 3%。

1. 无垫付模式

无垫付模式是指 P2P 网贷平台不承诺保障单个借款标的本金。当借款发生违约风险时，由于没有担保机制，投资者需要自己承担全部风险。

优点是：网贷平台作为纯中介只提供借贷信息，并不提供担保，所以对于平台而言，借款人违约对其影响较小，平台不容易倒闭。

缺点是：需要投资者自行判断借款人的征信记录及违约风险。

2. 担保模式

担保模式主要是通过第三方担保与风险自担两种方式对投资者的本金提供保障。

优点是：相对于无垫付模式而言，担保模式更加符合本土投资者的投资需求，也就是投资者不需要花费大量精力来对单个借款人进行风险判断。

缺点是：担保模式并没有真正地避免风险，只是实现了风险转移，导致了信息不透明。

3. 风险备用金模式

风险备用金是指 P2P 网贷平台建立一个资金账户，从每一笔借款中都提取借款额的一定比率作为风险备用金，当借贷出现逾期或者违约时，网贷平台会动用资金账户里的资金来归还投资者的资金。

优点是：P2P 网贷平台不需要承担连带担保责任，平台倒闭的可能性也比较小。对于投资者而言，如果发生违约，可以拿回全部损失。

缺点是：如果出现大规模违约，风险备用金无法弥补全部投资者的损失，就很有可能存在亏损的风险。

4. 担保 + 风险备用金模式

担保 + 风险备用金模式采用"双管齐下"的方式，为投资者提供本金保障，但是也难以避免风险备用金模式的缺点。

2.3 众筹理财

随着互联网金融的快速发展,理财产品层出不穷。众筹理财也是互联网金融发展的产物。

2.3.1 众筹理财入门

众筹,即大众筹资或群众筹资,由发起人、支持者、平台构成,具有低门槛、多样性、依靠大众力量、注重创意的特征,是指一种向群众募资,以支持发起的个人或组织的行为。一般而言,是通过网络上的平台连接起赞助者与提案者。群众募资被用来支持各种活动,包括灾害重建、民间集资、竞选活动、创业募资、艺术创作、自由软件、设计发明、科学研究及公共专案等。

现代众筹指通过互联网方式发布筹款项目并募集资金。相对于传统的融资方式,众筹更为开放,能否获得资金也不再由项目的商业价值作为唯一标准。只要是网友喜欢的项目,都可以通过众筹方式获得项目启动的第一笔资金,为更多小本经营或创作的人提供了无限的可能。

1. 众筹的特征

(1)低门槛:无关身份、地位、职业、年龄、性别,只要有想法、有创造能力,都可以发起项目。

(2)多样性:众筹的方向具有多样性,国内众筹网站上的项目类别包括设计、科技、音乐、影视、食品、漫画、出版、游戏、摄影等。

(3)依靠大众力量:支持者通常是普通的草根民众,而非公司、企业或是风险投资人。

(4)注重创意:发起人必须先使自己的创意(设计图、成品、策划等)达到可展示的程度,才能通过平台的审核,而不单单是一个概念或者一个点子,要具有可操作性。

2. 众筹的构成

(1)发起人:有创造能力但缺乏资金的人。

(2)支持者:对筹资者的故事和回报感兴趣的、有能力支持的人。

(3)平台:连接发起人和支持者的互联网终端。

3. 众筹的规则

（1）筹资项目必须在发起人预设的时间内达到或超过目标金额才算成功。

（2）在设定天数内，达到或者超过目标金额，项目即成功，发起人可获得资金；筹资项目完成后，支持者将得到发起人预先承诺的回报，回报方式可以是实物，也可以是服务，如果项目筹资失败，那么已获资金全部退还给支持者。

（3）众筹不是捐款，支持者的所有支持一定要设有相应的回报。

4. 众筹的优势

（1）传统的风投项目都来自关系网推荐，或各种网站提交的资料，而众筹平台则为风投公司带来了更多的项目，也拥有更高效的机制对项目进行审核，能更快地与企业家进行沟通，令投资决策过程更加合理。

（2）风投可以利用众筹平台上的资料，决定一个项目是否值得花时间。由于日程安排有限，很多风投资本家都认为众筹平台有其价值，帮助他们节省了不少时间。风投每天都会收到数十份商业计划，格式不同，有些还缺乏必要的数据。而众筹平台会对公司进行分类整理，并以标准格式进行呈现，这能让投资者省却不少时间。

（3）众筹平台也能让尽职审查过程变得更快。众筹平台会要求公司提供一些必要的数据，供投资者参考，帮助其做出决策。标准化的项目呈现和商业计划节省了风投的时间，使其不必亲自搜索特定的信息，而这些信息往往会因格式不同而难以查找。

（4）众筹平台能帮助企业家了解如何准备及呈现自己的项目，从而吸引更多的投资者。

（5）众筹平台还能提升信息分享、谈判及融资的速率。有成千上万的投资者在使用众筹平台，投资者形成了一个群体，而众筹平台往往也能让他们相互交流，在尽职调查中为其提供投资帮助。借助集体的智慧，投资者往往能做出更理性的决策。

2.3.2 参加众筹要有明确的目标

有的人希望通过众筹购买感兴趣的产品，得到乐趣；有的人希望通过众筹获得投资收益。明确了自己的目标，才能根据目标选择恰当的众筹项目。

1. 希望通过众筹购买创意产品

许多众筹发起者都会通过众筹网站发布自己的创意产品的生产计划，众筹成功之后可以把这些产品投入生产，最终再把产品回报给投资者。

以购买创意产品为目的的投资者的想法和购物没有太大区别，在众筹过程中需要注意的事项和购物时需要注意的事项也基本一致。

2. 希望通过众筹获得投资收益

虽然众筹项目中大部分都是娱乐与购物的性质，但是依然有许多人会关注众筹项目的投资价值。和上述众筹目标不同，这一类投资者会更关注股权与债券类的众筹项目。在考察这些项目的时候，投资者会更加关注众筹项目的回报率。回报率越高的众筹项目越会被优先考虑。

考察众筹项目的回报率时，应该注意如下几个方面，如表2-1所示。

表2-1 考察众筹项目回报率的注意事项

注意事项	内容
综合考虑未来的收益	因为众筹项目的特殊性，即使是股权与债券类众筹，投资者获得的收益也不一定完全会以现金的形式支付。 投资者计算回报率时，应该综合考虑可能获得的各种回报。实物回报可以折合为现金，而其他荣誉、成就感方面的回报，也应该加以考虑
将实物收益合理折现	对于众筹项目提供的实物回报折现时，需要考虑到折现难易程度的问题。一般小众的产品比较难折现。 比如，农产品众筹，投资后每周可以获得价值600元的牛肉。 如果投资者自己家每周可以消费这么多牛肉的话，这部分收益完全能够折现。如果投资者的家庭无法消费这么多牛肉，又没有销售的渠道，就不应该将其折现为投资收益
考虑货币的时间成本	货币都是有时间成本的，如果不用这些钱投资众筹项目，而是购买余额宝等理财产品，也可以获得收益。而投资后无法再获取收益，也就相当于产生了成本。 目前余额宝七日年化收益率约为3%左右，并且能够随时取用。如果一个众筹项目年化收益率只有4%～5%，还不能随时取用，并且有损失风险，则表明不值得投资
考虑收益波动的风险	许多众筹项目都会给出预计的收益率。不过这种收益率可能只有参考价值，最终很难达到。 看到众筹项目给出收益率时，一定要留意是实际收益率还是预计收益率，预计收益率没有太大的参考价值。除此以外，还应该注意如果没有达到收益率，运作人员有没有什么补救措施
考虑其他可能的风险	众筹项目所暗藏的其他可能的风险还有：触犯法律的风险、众筹平台倒闭的风险、众筹运作公司破产的风险等。 为了预防这些风险，投资者选择项目的时候一定要选择大型众筹平台。这些平台不仅自身的风险比较小，而且可以对项目进行细致调查，把投资项目的风险也降到最小

3. 希望通过众筹得到乐趣

有的人参加众筹并不以盈利为目的，而只是想获得参与众筹的乐趣。对于这一类众筹投资者来说，一定要调整自己的心态，不能过分计较众筹可能带来的真正价值。在参与众筹的过程中，以可以获取乐趣作为最终目的。

2.3.3 优秀平台随心选，众筹项目别放过

一个优秀的众筹平台会尽职尽责地调查自己平台上的每个项目，挑选出可靠的项目以供投资者选择，最大限度地降低投资者的风险。

1. 优秀的众筹平台

1）京东众筹

京东众筹在 2014 年 7 月上线，目前有权益类众筹和股权众筹两大板块。京东产品众筹类别有智能硬件、综合流行文化、生活美学、公益等。基本上项目类型不限，但以科技类产品为一大王牌。目前京东金融正在打造股权众筹，发展趋势不容小觑，如图 2-3 所示。

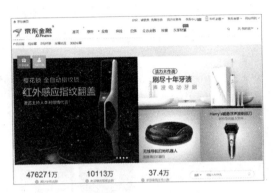

图 2-3　京东众筹

2）众筹网

众筹网于 2013 年 2 月正式上线，是中国颇具影响力的众筹平台，也是一个综合众筹平台，为支持创业而生，后起而领先的综合类众筹网站。众筹网提供智能硬件、娱乐演艺、影视图书、公益服务等 10 大频道，如图 2-4 所示。

图 2-4　众筹网

3）淘宝众筹

淘宝众筹最早是面向名人的众筹平台，现已向所有人开放项目发起。淘宝众筹项目种类很多，涉及影音、公益、书籍、娱乐、科技、设计、动漫、游戏、农业等多个领域。其中，科技和娱乐类型的产品很受追捧，如图2-5所示。

4）追梦网

追梦网成立于2011年9月，是偏向文化创意项目的综合类众筹网站。追梦网接受艺术、漫画、舞蹈、设计、服装、电影、游戏、音乐、摄影、出版、科技和戏剧等类型项目。追梦网创立的原因是相信创意改变世界，相信众筹是"连接个体与群体，匹配创意和资金"的绝佳方式。追梦网致力于用创新的众筹方式，让每一个有梦想的人，更加高效便捷地推广创意计划，为项目筹资，如图2-6所示。

图2-5　淘宝众筹　　　　　　　　　　图2-6　追梦网

5）人人投

人人投——实体店铺融资省心的股权众筹网络平台，成立于2014年，直属于北京飞度网络科技有限公司，是专注于以实体店为主的股权众筹交易平台。针对的项目以身边的特色店铺为主，投资人主要以草根投资者为主，如图2-7所示。

图2-7　人人投

2. 考察众筹项目

选中需要的平台之后，面对平台上五花八门的投资项目，投资者需要从多个方面进行综合考察。根据投资者最终想要获得的收益形式的不同，考察的具体内容也不一样。但不管是哪种众筹形式，投资者都需要考察如下几方面内容，如图2-8所示。

项目募集成功的可能性	目前，大多数众筹项目都无法募集成功。在对众筹项目进行考察时，分析这个项目能否募集成功就成了投资者需要关注的首要内容。
项目实施的难度大小	对于那些实施难度太大的项目，即使可以募集成功，未来在运作过程中也会遇到各种各样的问题，这样的项目同样不值得投资。
项目运作人员是否有足够的运作动力	很多项目的发布都只是运作人员一时心血来潮，即使可以筹集到足够的资金，一旦热情褪去，这些运作人员也很难有动力继续运作下去。对于这种项目，投资者在考察项目时应该重点回避。
有没有可能是陷阱	随着众筹项目的逐渐增多，许多不法之徒也瞄准了这种商业模式。他们通过在网上发布虚假的众筹信息，欺骗投资者投资，最后把资金据为已有。虽然众筹平台已经在前期对筹资人的资质进行了全面的考察，不过为了避免这种风险，投资者在投资时依然需要注意。

图2-8　投资者考察众筹项目的内容

2.3.4　小心众筹投资的风险

即使投资者经过严格考察，在众筹投资时也依然无法完全避免风险。为了把这些风险造成的损失降到最低，投资者在投资的过程中应该注意如下几点，如图2-9所示。

从小额投资开始	投资者在初期缺乏经验时，最好从小金额的众筹项目开始，熟悉投资的流程与分析方法。等具备足够的经验之后，再增加投入的金额。
明确风险承受能力	谁也不能保证自己的众筹项目就一定可以成功，不会发生任何损失。因此在众筹时，投资者一定要明确自己对风险的承受能力，不可孤注一掷。
多项目组合投资	俗话说"不要把鸡蛋放在同一个篮子里"，在众筹投资时也一样。同时投资几个项目，就可以把每个项目的损失降到最低。
找有经验的发起人	如果众筹项目的运作人之前有成功运作项目的经验，那么他就可以更合理、自如地运作众筹项目，把发生损失的可能性降到最低。
对回报合理估值	不要因为自己的喜好就对一些项目的实物回报给予过高的估值。最好通过淘宝网或者其他网购渠道，查看类似商品的价格。
了解风险应对机制	任何项目的运作都存在风险。运作人在开始运作项目之前，就应该对这些风险有完善的应对方案。这样的运作人才值得投资者信赖。

图2-9　控制众筹投资风险的注意事项

2.3.5 自众筹如何避免成为非法集资

◆ **理财案例**

温晓辉想要做餐饮行业，于是，他在朋友圈向亲戚朋友发起自众筹说想要开一家火锅店。温晓辉根据经验判断这家火锅店的盈利能力会非常强，于是承诺一年回本，一下子聚集了很多投资人。众筹成功的同时，他突然意识到自己这种行为是不是非法集资呢？

— 案例启示 —

自众筹与股权众筹：自众筹是通过社交工具或者口口相传而完成的众筹；股权众筹是通过第三方互联网股权众筹平台进行的众筹。不通过第三方而进行的众筹从本质上就不是股权众筹。是否构成非法集资的标准就是是否承诺了规定的回报。

1. 非法集资与股权众筹的定义

非法集资是指单位或者个人未依照法定程序经有关部门批准，以发行股票、债券、彩票、投资基金证券或者其他债权凭证的方式向社会公众筹集资金，并承诺在一定期限内以货币、实物以及其他方式向出资人还本付息或给予回报的行为。

股权众筹是指公司出让一定比例的股份，面向普通投资者，投资者通过出资入股公司，获得未来收益。这种基于互联网渠道而进行融资的模式被称作股权众筹。另一种解释就是"股权众筹是私募股权互联网化"。

2. 非法集资与股权众筹的实质性区别

非法集资和股权众筹在回报上存在实质性差别，判断两者实质的标准在于是否承诺规定的回报。

非法集资一般都是以承诺一定期限还本付息为标准，并且承诺的利息往往远高于银行的利息；股权众筹是召集一批有共同兴趣与价值观的朋友一起投资创业，它没有承诺固定的回报，而是享受股东权利，同时也承担股东风险。因此，从回报方式本质来看，两者差别非常大。

在对金融秩序的影响方面，非法集资是干扰金融机构的秩序，而股权众筹进行的资本经营，在一定程度上扩张了资本市场，并没有扰乱。

只有当行为人非法吸收公众存款，用于货币资本的经营（如放贷）时，才可以认定其扰乱了金融秩序，而股权众筹是投向一个实体项目，不是进行资本的经营，这和非法集资有很大的差别。

3. 非法集资与股权众筹发行方式的区别

非法集资采用广告、公开劝诱或变相公开发行方式，而股权众筹利用互联网最阳光、正能量的一面。

股权众筹网站没有采用广告、公开劝诱或变相公开发行方式去推广项目，项目信息是由创业者源于对自身项目的认识而编写的，平台不进行实质性判断，而只是经过对虚假性、合适性的判断后展示给投资者，中间并未参与对其大量宣传、鼓吹或者和项目方狼狈为奸的做法，这和非法集资的宣传做法是不同的。其中最重要的原因是股权众筹信息的公开、透明、阳光，利用的是互联网的正面内容，取其精华，去其糟粕。

有的企业利用社交媒体进行股权众筹，缺少第三方平台的审核。这等于投资者接收的是项目方提供的信息，没有客观性与真实性的保障，所以不属于互联网股权众筹。

4. 非法集资与股权众筹在风控与法律保护方面的区别

非法集资和股权众筹的另一个重要区别就在于投资的风险控制程度不一样。

非法集资常常是个人发起的，以聚集大量钱财为目的，投资的项目很模糊，借款方并不知晓，并且承诺收益。

而在互联网时代，通过众筹网站将每个项目的信息公开，投资者能够通过互联网信息消除创业者与投资者之间信息不对称的差异，公开、透明、阳光，信息做到随时可查，创业者做到随时和投资者保持沟通联系，大大降低了其中的风险。

在法律保护方面，股权众筹以有限合伙企业的形式去投资项目，受到法律保护。非法集资筹资之后不会成立合伙公司，投资者无法成为股东。

第3章
理财平台与产品的选择

进入互联网金融时代,"全民理财"这个曾经高调一时的字眼不再是空头口号,开始渐渐进入基层,走入千家万户。虽然老百姓的金钱观已经有所改变,但是理财意识并不强,目前来看,许多人空有理财的想法,却不知如何理财。理财是投资吗?理财会亏本吗?理财是炒股吗?什么是基金,什么是债券,什么是P2P,什么是众筹?网络上铺天盖地的各种"宝宝"本质究竟是什么?如果不系统地了解一些互联网理财知识,还真跟不上信息时代发展的步伐。

3.1 余额宝

余额宝对接的是天弘基金旗下的余额宝货币基金,特点是操作简便、门槛低、零手续费、可随取随用。除理财功能外,余额宝还可直接用于购物、转账、缴费还款等消费支付,是移动互联网时代的现金管理工具。

3.1.1 认识余额宝

说起互联网理财,许多人都会想到余额宝,因为如果使用支付宝,就会看到余额宝。

作为目前知名度最高的"宝宝"类理财产品，余额宝最大的优势就是背靠阿里集团，依附支付宝平台，安全又便捷。

余额宝是支付宝打造的余额增值服务。投资者把资金转入余额宝，就是购买天弘基金提供的余额宝货币基金，从而能够获取收益。

小贴士

天弘基金管理有限公司是经中国证监会批准成立的全国性公募基金管理公司之一，成立于 2004 年 11 月 8 日。2013 年，天弘基金通过推出首只互联网基金——天弘增利宝货币基金（余额宝），改变了整个基金行业的新业态。

余额宝里的资金使用起来非常灵活，投资者可以随时转出或者用于支付宝的线上、线下支付。余额宝作为互联网上"宝宝"中知名度最高的理财产品，其主界面如图 3-1 所示。

图 3-1　余额宝主界面

余额宝规模不断攀升，截至 2017 年 9 月，其资金规模达 1.56 万亿元。为何余额宝会如此受投资者的欢迎呢？总结如下三点优势，如表 3-1 所示。

表 3-1　余额宝的优势

优势	说明
兼具收益性与流动性	和传统理财产品相比，余额宝比银行活期存款的利率更高，曾经一度比银行 1 年定期存款的利率还高，且支持 T+0 赎回方式，最大限度地方便用户
操作简单，使用便捷	余额宝依附于支付宝支付平台，投资者可以在支付宝中直接进行基金的购买与赎回，并且其操作过程非常简单，投资者能随时转入、转出资金，并查看收益等
投资门槛低，树立投资观念	投资者购买余额宝时没有最低购买金额的要求，如此一来，不仅最大限度地集中了投资者的闲散资金，提高了资金的利用率，令投资者享受投资的便捷，还可以令很多从未接触过投资理财产品的人树立投资理财的观念

 小贴士

2016 年 10 月 12 日起，支付宝将对个人用户超过免费额度的提现收取 0.1% 的服务费，每人累计有 2 万元的基础免费额度，但用户从银行卡转入到余额宝的资金再转出到本人名下任意一张银行卡继续免费。

3.1.2　余额宝的收益与存取款时间规则

现在仍有一部分用户对互联网理财持观望态度，而他们最关心的问题除风险外就是收益。那么，余额宝的收益是怎么计算的呢？

1. 存款规则和收益计算

余额宝每天的收益都不一样，使用过余额宝的人基本都知道，余额宝是按当日万份收益来计算收益的。简单的余额宝收益计算方法为：

已确认金额 /10 000（以万元为计算基本单位）× 当日万份收益 = 收益（收益 / 天）

比如，你有 10 万元已确认份额，当日万份收益为 0.8，那么你的收益就是 (100 000/10 000) × 0.8=8 元。

转入余额宝的资金在第二个工作日由基金公司进行份额确认，对已确认的份额将会开始计算收益。

 小贴士

15:00 后转入的资金会顺延 1 个工作日确认。比如，周一 15:00 后转入余额宝的资金，基金公司会在周三确认份额，周四中午 12:00 前把周三的收益发放到余额宝中。双休日以及国家法定假期，基金公司不会进行份额确认。

万份收益查看路径如下：

（1）登录支付宝手机客户端→"我的"→"余额宝"。

（2）点击昨日收益数字进入"累计收益"页面，再点击右上角的"筛选"。

（3）点击"万份收益"，即可查看每日的万份收益。

除上述方法外，余额宝还有一种计算收益的方法，即余额宝的七日年化收益率。余额宝每天都会公布七日年化收益率。

余额宝 1 份 =1 元，如果今天余额宝的每日万份收益为 1.188 4 元，那么你余额宝中每 10 000 元，就可以得到 1.188 4 元的收益。

2. 取款规则与到账时间说明

作为蚂蚁金服推出的货币型理财产品，余额宝风险低、操作灵活、随取随用。那么，余额宝转出到银行卡到账时间要多久呢？

1）快速到账

快速到账可通过支付宝 App 操作，当日转出，当日到账（预计 2 小时内到账），目前单日单户限额 5 万元（含），具体以页面提示为准，且在该卡服务时间内，每日该服务另设有总限额。

支持快速到账的银行一般支持到账的时间为 0:00—24:00，有个别银行到账时间要求不一样，具体参考一下余额宝的到账规则。

2）普通到账

普通到账为 T 日转出，T+1 日 24:00 前到账（T 日指基金交易日）。

有些银行不支持快速到账服务，可使用普通到账服务。

> **小贴士**
>
> 中国基金交易日为非节假日的周一到周五，15:00 前为上一个交易日，15:00 后为下一个交易日。

余额宝转出到银行卡普通到账时间如表 3-2 所示。

表 3-2 余额宝转出到银行卡普通到账时间表

转出申请	到账时间
周一 15:00 —周二 15:00	周三 24:00 前
周二 15:00 —周三 15:00	周四 24:00 前
周三 15:00 —周四 15:00	周五 24:00 前

续表

转出申请	到账时间
周四 15:00 —周五 15:00	下周一 24:00 前
周五 15:00 后—下周一 15:00 前	下周二 24:00 前

3.1.3 余额宝赚钱实战

1. 投资"宝宝"类理财产品热身准备

"宝宝"类理财产品的投资门槛较低、周转灵活、随取随用,不管是在校大学生还是工作中的职场白领,都可以选择"宝宝"类理财产品进行理财。然而,对于新手来说,初接触互联网理财,还是不清楚要做好怎样的准备。那么,投资"宝宝"类理财产品都要做好哪些准备工作呢?

投资"宝宝"类理财产品的步骤较为简单,需要准备的东西也不多,一般要准备一张银行卡,选择好自己想要投资的"宝宝",绑定个人银行卡,以便充值,同时也方便提现或转账等。

注册理财账户,绑定银行卡后就可以充值与提现了。如果个人想要更改银行卡,也可以直接更改。

 小贴士

绑定银行卡时一般会要求用户输入和银行卡一起绑定的手机号码,一旦个人银行卡发生交易,也方便随时通知用户。

此外,进行投资理财前,需要准备一定的资金。"宝宝"类理财产品的投资门槛比较低,个人需要准备的资金额度也视自身情况而定。若平台安全性比较高、收益可观,则可多投入一点资金。

2. 通过电脑端开通自动转入流程

(1)登录支付宝(www.alipay.com),单击"余额宝"下方的"管理"按钮,在打开的"余额宝"界面中单击"银行卡定时转入"中的"设置"按钮,如图 3-2 所示。

(2)单击"添加新的定时转入任务",如图 3-3 所示。

(3)选择需要转入的银行卡,设置转入金额与转入时间,单击"下一步"按钮,如图 3-4 所示。

(4)输入支付宝支付密码,单击"同意协议并确认"按钮,如图 3-5 所示。

第3章 理财平台与产品的选择

图 3-2 支付宝界面

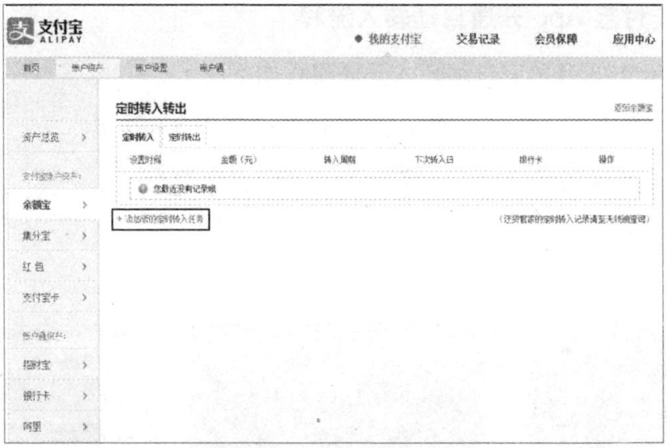

图 3-3 添加新的定时转入任务

图 3-4 设置转入的银行卡、金额、时间

图 3-5 定时转入确认

3. 通过支付宝 App 开通自动转入流程

支付宝 App 中的余额宝自动转入开通流程如下所示。

（1）登录手机支付宝 App，点击"余额宝"，如图 3-6 所示。

（2）点击"资金管理"→"工资转入"，如图 3-7 所示。

（3）输入"转入金额""转入日期""备注"等内容，点击"确定"按钮，如图 3-8 所示。

图 3-6　点击"余额宝"　　图 3-7　银行卡定时转入　　图 3-8　确定银行卡定时转入

（4）点击"余额自动转入"，如图 3-9 所示。

（5）选择"余额自动转入"，打开开关可以设置保留余额（默认为0元），如图3-10所示。

图3-9 余额自动转入　　　　图3-10 余额自动转入确认

4. 通过电脑端开通余额宝定期转回银行卡流程

余额宝可以以活期的形式获取定期的收益，因此许多人都喜欢将流动资金转入余额宝。但有时需要定期转回银行卡进行银行扣款，操作十分麻烦，因此可以设置余额宝定期转账到银行卡，从而再也不用为银行卡定期扣款而烦恼。其操作流程如下。

（1）登录支付宝，单击"余额宝"中的"管理"按钮，如图3-11所示。

图3-11 支付宝页面

（2）单击"银行卡定时转入"下的"设置"按钮，选择"定时转出"，再单击"添加新的定时转出任务"，如图3-12所示。

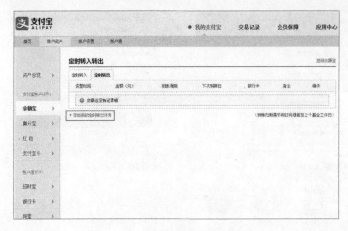

图3-12　添加新的定时转出任务

（3）选择需要转回的银行卡、转出金额和转出日期，单击"下一步"按钮，如图3-13所示。

图3-13　选择银行卡、转出金额和日期

（4）输入支付密码，单击"同意协议并确认"按钮，完成设置。

5. 通过电脑端查询余额宝收益

通过电脑端查询余额宝收益的操作步骤如下。

（1）登录支付宝，单击"余额宝管理"。

（2）进入到余额宝页面，可查询用户余额宝总额以及历史累计收益总额。调整查询日期，单击"收益"，可查询所属日期的收益金额，如图3-14所示。

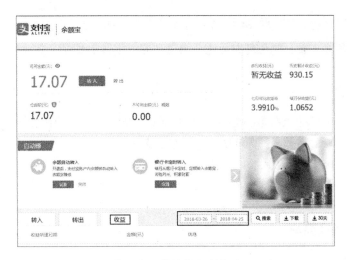

图 3-14　查询余额宝收益

3.1.4　什么是货币基金

货币基金简称货基,有人戏称其为"火鸡"。目前互联网理财中比较火爆的产品,如余额宝、腾讯理财通的华夏基金财富宝、汇添富基金全额宝、苏宁零钱宝等实际上都属于货币基金。

货币基金主要投资于短期货币工具,如国债、央行票据、商业票据等短期有价证券,因此货币基金的风险小、流动性强、收益不高但很稳定,基本不会发生亏损,十分适合刚刚接触互联网理财的新手。

银行一年期定期存款利率是 1.5%,余额宝目前七日年化收益率在 2.789% 左右。虽然余额宝比一年期定存的收益高出接近一倍,但是和其他货币基金相比,余额宝收益还是属于较低的。腾讯理财通对接多家基金公司的产品,其货币基金产品包括华夏基金财富宝、汇添富基金全额宝、易方达基金易理财和南方基金现金通 E,七日年化收益率在 2.764%～3.466%。苏宁零钱宝目前包括广发天天红货币基金、汇添富现金宝与鹏华添利宝这 3 款产品,七日年化收益率在 2.317%～3.163%。

货币基金比拼的不只是收益,更多的还有便利性与安全性。便利性主要考虑资金转入、转出的额度、到账时间及操作是否便捷。

以上几种货币基金理财产品的转入限额相差不大,流程简单、实时到账。不过在转出限额、到账时间方面,余额宝和苏宁零钱宝比理财通更方便。但由于微信的使用频率要高于其他两者,所以理财通操作起来会更加便捷。

在消费和支付方面,余额宝可以转入支付宝账户,苏宁零钱宝可以转入易付宝账户，但是理财通必须先转出到安全卡（绑定的银行卡）。

从安全角度来看，腾讯理财通比余额宝和苏宁零钱宝要更安全一些。

小贴士

> 腾讯理财通进行第一笔购买时要绑定一张银行卡作为安全卡，资金也只能赎回到这张卡里，从而避免了账户被盗取，资金借助消费与支付的方式转移到其他账户上的风险。

3.1.5 年化收益率

刚刚接触理财产品时，"年化收益率"是随处都能映入眼帘的词，如今互联网理财市场如此火爆，对于未购买过理财产品的人来说，这个词也变得更加熟悉。那么，什么是年化收益率呢？

年化收益率是指当前收益率换算成一年所获得的收益率。

小贴士

> 年化收益率只是一种理论收益率，并非真正取得的收益率。对于任何一款理财产品而言，到期时能否取得约定的年化收益率，需要具体分析。

1. 年化收益率的计算方法

年化收益率的计算公式如下：

$$年化收益率 = [(投资内收益 / 本金) / 投资天数] \times 365 \times 100\%$$

投资者可以取得的年化收益的计算方式为：

$$年化收益 = 本金 \times 年化收益率$$

然而，很多投资者的投资资金并不会存一年，那么这时实际收益又该如何计算呢？针对这一情况，实际收益的计算公式如下：

$$实际收益 = 本金 \times 年化收益率 \times 投资天数 / 365$$

2. 年化收益率的注意事项

（1）对于投资者而言，除要了解什么是年化收益率外，还要警惕另一个与之非常相似的词语——年收益率。年收益率指的是投资一项理财产品的一年实际收益的比率。它是一种实际的收益率。年化收益率的未来一年收益率都是按照当前收益率来计算的，因此，年化收益率只是一种理论上取得的收益率。

（2）除分清年化收益率和年收益率的不同外，还要知道什么是七日年化收益率。对于互联网理财产品而言，"七日年化收益率"也是频繁出现的一个词。七日年化收益率指的是最近7天的平均收益水平，进行年化之后得出的收益率。

七日年化收益率只不过是一个短期参考指标，无法代表实际收益。但是七日年化收益率是反映货币市场基金收益率高低的一个重要指标。

（3）从理论上来看，理财产品的年化收益率越高，投资者获取的收益越多。因此，年化收益率高的产品更受欢迎，新手投资者可以将其视为投资的一项衡量指标。

◆ **理财案例**

何故这个季度分红有2万元，他打算用来买理财产品。浏览某个理财平台时，一则万能险的宣传广告吸引了他，上面写道："每年固定收益6%。"但是，当何故购买完这款理财产品，并约定一年后取出时才发现，这款理财产品并不是宣传的那样，其年化收益率在2.5%～6%浮动。何故感觉自己受骗了，十分愤慨。

> **案例启示**
>
> 保险公司每年公布的结算利率，并不等同于预期年化收益率。
>
> 投资者在进行互联网投资理财时一定要谨慎选择，谨防某些理财产品宣传时设置的诱惑与陷阱。投资理财安全、稳定才是重中之重。
>
> 保险理财产品的收益往往是不固定的，比如，万能险的实际收益率是保险公司每年公布的结算利率，与预期年化收益率并不一致。

3.2 微信理财

移动互联网时代，我们见证了创意的魅力和创新的速度。稍加留意，你就不难发现身边的微信用户已比比皆是。微信的魅力在于能通过传递文字、图片、语音、视频等信息，构架私密性非常好的熟人之间的朋友社交圈。微信理财也已经成为互联网金融的重要一员。

3.2.1 微信理财入门

作为一款超级App，微信具有举足轻重的地位，其发布的理财产品，即微信理财，因为简单方便的使用方式，也获得了用户的认可。微信理财包括的腾讯理财通实际上是一种基金购买平台，依靠微信来运行，充分体现了互联网理财的模式，令购买者的金钱得到升值。腾讯理财通可以让购买者获得活期或定期储蓄收益，但里面的钱并不能直接用于购物，如果想要购物，需要将腾讯理财通中的资金转出到银行卡。

作为和余额宝类似的货币性基金产品，腾讯理财通的界面如图 3-15 所示。

小贴士

> 腾讯理财通采用零手续费的费用收取模式，并且由中国人民财产保险全额承保。理财通账户的资金受到微信及财付通账户安全体系保护，由 PICC 承保，并且只能取出至本人银行卡。

3.2.2 腾讯理财通收益何时结算

目前和腾讯理财通合作的货币基金公司有四家，分别是华夏基金、南方基金、易方达基金和汇添富基金，投资了理财通货币基金就等同于购买了这四家货币基金公司的基金，如图 3-16 所示。

图 3-15　腾讯理财通的界面

图 3-16　腾讯理财通货币基金

腾讯理财通收益计算方法及到账时间与余额宝基本类似，具体计算方法如下：

当日收益 =（理财通账户资金 /10 000）× 基金公司当日公布的每万份收益

比如，当天腾讯理财通的每万份收益是 1.627 3 元，如果理财通账户资金是 10 000 元，那么购买者当日的收益为 (10 000/10 000)×1.627 3 元≈1.63 元。

腾讯理财通的货币基金理财只是众多"宝宝"类理财产品中的一种，其收益计算也和余额宝等"宝宝"类理财产品差不多，产生收益的原则如下。

1. 工作日计息

用户使用腾讯理财通理财，计息日为工作日，如果用户充值时间是周六或者周日，那么这两天都没有收益，充值时间实际为下周一。同时还需要了解的是，如果用户周五充值，那么周六、周日也不产生收益。

2. 具体收益时间看充值时间

如果用户充值时间在工作日 15:00 之前，那么第二天就会产生收益；如果用户在周末充值，如周五 15:00 后至下周一 15:00 前充值，那么下周二才有收益；但是周四 15:00 后、周五 15:00 之前充值，下周一就会产生收益。

 小贴士

腾讯理财通的收益计算时间与余额宝相同。

3.2.3 腾讯理财通和余额宝的优劣比较

支付宝和微信都是广大互联网用户熟知和常用的软件，其关联的理财产品有许多相似之处，这使得两者的竞争也越来越激烈。就货币基金而言，余额宝的合作方天弘基金的资产规模已经超过腾讯理财通的合作方华夏基金，成为国内第一大基金公司。那么，腾讯理财通和余额宝相比哪个更好呢？二者的优劣比较如表 3-3 所示。

表 3-3 腾讯理财通和余额宝的优劣比较

分类	腾讯理财通	余额宝
转入流程	申购流程简单，打开层级页面多，不方便查看	申购流程简单，打开层级页面少，方便查看
转入额度	与各银行买入限额相同	单个余额宝账户最高持有金额无上限，但不同方式的转入限额不同。 余额：以页面显示额度为准。 借记卡快捷（卡通）：与各银行买入限额相同

续表

分类	腾讯理财通	余额宝
转出额度	快速取出：单笔2万元，每日3笔。一个身份证号，每月取出不超过200万元。 普通取出：额度不限，次数不限	转出到余额：单日单月无额度限制。 转出到卡：一天100次，无月累计上限。 • 储蓄卡快捷银行卡：不同银行转出额度不同。 • 普通提现卡：单笔5万元，每日5万元，每月20万元
到账时间	快速取出（不支持上海银行）：今日17:00前取出，今日24:00前到账；今日17:00后取出，明日24:00前到账。 普通取出：交易日15:00前取出，第二个交易日到账；交易日15:00后取出，第三个交易日到账；上海银行延迟一个工作日到账	余额宝转出到余额：实时到账。 转出到卡： • 快速到账：可通过支付宝App操作，当日转出，当日到账（预计2小时内到账）。 • 普通到账：T日转出，T+1日24:00前到账
七日年化收益率	2.7%～3.4%	2.7%～3%
消费与购物	不可直接消费、购物	直接消费、购物

 小贴士

在选择理财产品时，最好根据自己的使用习惯来选择，千万不要在两个产品之间来回折腾，毕竟腾讯理财通和余额宝的收益不是当天计算的，来回折腾反而会损失更多的收益。

3.2.4 腾讯理财通赚钱实战

1. 绑定银行卡

（1）登录微信，点击"我"→"钱包"→"银行卡"，如图3-17所示。

（2）点击"添加银行卡"，如图3-18所示。

（3）输入卡号，或者拍摄银行卡正面图，点击"下一步"，如图3-19所示。

（4）填写银行预留信息，点击"下一步"，如图3-20所示。

（5）验证手机号，输入手机验证码，如图3-21和图3-22所示。

（6）设置微信支付密码，绑卡成功。

第 3 章　理财平台与产品的选择

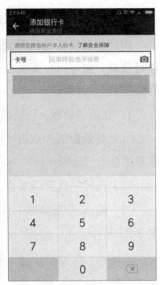

图 3-17　我的钱包　　　　图 3-18　添加银行卡　　　　图 3-19　输入银行卡号

图 3-20　填写银行预留信息　　图 3-21　验证手机号　　　　图 3-22　短信验证码

 小贴士

验证码限 1 分钟内输入，超过时间需重新获取验证码。

97

2. 购买腾讯理财通理财产品

用户想要投资腾讯理财通理财产品,既可以充值"余额+",享受货币基金活期理财收益,也可以设置安全卡,直接购买理财产品,还可以使用微信中的零钱直接购买理财产品。

1)充值"余额+"获取货币基金收益

(1)登录微信,点击"我"→"钱包"→"理财通",进入"理财通"界面,在该界面点击"余额+"。

(2)选择一只货币基金,点击"下一步",如图3-23和图3-24所示。

(3)输入买入金额,勾选"同意服务协议及风险提示",点击"买入",如图3-25所示。

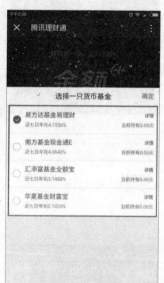

图3-23　买入"余额+"　　　图3-24　选择一只货币基金　　　图3-25　输入买入金额

(4)点击"立即支付",选择银行卡支付,输入支付密码,如图3-26~图3-28所示。

小贴士

第一次购买腾讯理财通理财产品的银行卡将被当作安全卡。

第3章　理财平台与产品的选择

图 3-26　点击"立即支付"　　图 3-27　选择银行卡支付　　图 3-28　输入支付密码

2）安全卡直接购买理财产品（以"浙银财富涌金钱包月月盈"为例）

（1）登录微信，点击"我"→"钱包"→"理财通"→"理财"→"稳健收益"→"首款银行管理资产"，如图 3-29 所示。

（2）选择"浙银财富涌金钱包月月盈"，点击"买入"，如图 3-30 和图 3-31 所示。

图 3-29　选择理财产品　　图 3-30　选择"浙银财富涌　　图 3-31　买入界面
　　　　　　　　　　　　　　　　金钱包月月盈"

（3）输入购买金额，勾选"同意服务协议及风险提示"，点击"下一步"并确认买入，如图 3-32 和图 3-33 所示。

 小贴士

该理财产品募集结束前会买入易方达基金易理财，享受货币基金收益。

（4）点击"立即支付"，选择银行卡支付，输入支付密码。

3）零钱理财

自从微信零钱提现收费后，是不是零钱里面的钱只能用于消费和发红包呢？其实不然，微信零钱也可以购买理财产品来赚取收益。

（1）登录微信，点击"我"→"钱包"→"零钱"，选择"充值"选项下的"零钱理财，让零钱安稳赚收益"，如图 3-34 所示。

图 3-32　输入购买金额　　图 3-33　确认买入　　图 3-34　零钱理财

（2）点击"我要赚取收益"，如图 3-35 所示。

（3）选择一只基金，点击"下一步"，如图 3-36 所示。

（4）输入购买金额，点击"下一步"，输入支付密码，完成购买。

 小贴士

零钱理财取现只能取回至零钱，不可取回到安全卡。

图 3-35 微信零钱购买理财产品

图 3-36 选择货币基金产品

3. 腾讯理财通资金提现步骤

（1）登录微信，点击"我"→"钱包"→"理财通"→"我的"，选择"我的资产"，进入我的总资产页面，如图 3-37 和图 3-38 所示。

图 3-37 选择"我的资产"

图 3-38 我的总资产界面

（2）点击已经购买的理财产品，进入详情页面，再点击左下角的"取出"按钮，如图 3-39 所示。

（3）输入取出金额,可直接选择"全部取出",选择取出方式并点击"取出"按钮,输入支付密码即可取出,如图 3-40 所示。

> **小贴士**
>
> 如果在允许额度内,可以选择"快速取出",这种方式到账最快。

图 3-39 取出购买的理财产品

图 3-40 输入取出金额并选择取出方式

3.3 百度理财和京东小金库

百度理财是百度金融事业部旗下专业化理财平台,提供多元化理财产品,活期理财、定期理财、基金投资等一站式轻松搞定。不管是理财的小白用户,还是理财经验用户,都能轻松实现财富增长。京东小金库与阿里推出的余额宝类似,用户把资金转入"小金库"之后,就可以购买货币基金产品,同时"小金库"里的资金也随时可以在京东商城购物。

3.3.1 百度理财

百度理财是百度公司在 2013 年 10 月 28 日上线的一个理财平台,是百度钱包旗下的专业化理财平台，如图 3-41 所示（https://8.baidu.com/?source=ppzq）。

图 3-41　百度理财首页

目前百度理财推出的产品包括百度理财 B、百发、百赚、百赚利滚利版、百赚 180 天、百赚 365 天、百发 100 指数、百发 100 指数基金等。其中，百度百发和百度百赚是百度理财的两款主要产品。

百度百发是百度理财推出的首项理财计划，实际上这也是一种货币基金，由百度理财和华夏基金联合推出，开始的年化收益率为 8%，限量发售，销售额度为 10 亿元，由中国投资担保有限公司全程担保。和余额宝相似，投资的最低门槛仅为 1 元，同时也支持快速赎回，即时提现，方便用户资金流动。

百度百发并非单一的基金类产品，而是一项组合形式的理财计划。这一计划推出后，受到广大用户青睐。目前，百度百发计划已经售罄，之后百度理财推出的产品是百度百赚和百度百赚利滚利。

百度百赚和百度百赚利滚利产品实际也是货币基金，分别依托华夏增利货币 E 和嘉实活期宝货币。和百度百发的不同之处是，百度百赚和百度百赚利滚利目前的年化收益率分别为 2.226% 和 2.592%，和余额宝相差无几，对投资者的吸引力降低不少。

3.3.2　京东小金库

1. 京东小金库简介

京东小金库是京东金融面向个人消费者推出的，为客户实现资产增值，力图增加上下游的黏性的活期理财产品。京东小金库的资金也可以随时在京东商城中购物消费。京东小金库界面如图 3-42 所示（http://xjk.jr.jd.com/index.htm）。

图 3-42　京东小金库界面

京东小金库对接的是嘉实基金和鹏华基金公司的货币基金。

1）资金转入

京东小金库支持 1 元起投，转入嘉实活钱包，单日、单笔限额 500 万元，单日无限次，每月无最大额度限制；转入鹏华增值宝，单日、单笔无限制，单日无限次，每月无最大额度限制。

2）资金转出

京东小金库转出至银行卡分为快速转出和普通转出。其中，快速转出单笔限额 5 万元，单日限额 15 万元，预计 2 小时内到账，单日转出上限 5 次。普通转出单笔限额 100 万元，每日无次数限制。

 小贴士

目前，京东小金库暂不支持小金库之间转账。

3）资金收益

京东小金库资金收益查看及到账时间与余额宝相同。转入小金库的金额最好高于 300 元，这样能够有较高的概率看到收益，如果当天收益不足 1 分钱，系统可能不会分配收益，并且不会累积。

京东小金库的资金可以随时转出或在京东金融消费使用，转出或消费的金额当天不能获取收益。

京东小金库的收益并不是固定不变的，它对接的是货币基金，收益也是来自于货币基金市场的收益，虽然货币基金风险很低，投资的范围都是一些高安全系数和稳定收益的品种，但理论上依然存在亏损的可能。

2. 京东小金库的优势

随着生活水平的不断提高，人们的理财观念逐渐增强。互联网信息技术的高速发展既改变了人们的消费习惯，也逐渐改变了人们的理财习惯。目前，互联网理财市场产品众多，不少人都倾心"宝宝"类理财产品，在众多货币基金"宝宝"类理财产品中，京东小金库又有哪些独特的优势呢？

从目前情况来看，京东小金库是由嘉实基金和鹏华基金共同提供的货币基金理财产品，和余额宝相似，只是依靠的平台不同。

京东小金库的优势如表 3-4 所示。

表 3-4 京东小金库的优势

优势	内容
可随时用于京东消费	京东小金库里的资金可以随时用于京东消费，和余额宝里的资金可随时用于淘宝消费一样
1 分钱起存	投资门槛很低，1 分钱起存。对于京东小金库来说，其背后的产品其实是嘉实活钱包货币基金与鹏华增值宝货币基金，投资门槛低至 1 分钱，并且申购、赎回不会扣除任何手续费用
与京东白条一起使用	京东小金库可以和京东白条一起使用。对于急需资金的用户来说，可以先用白条消费，将钱存入小金库，到还款时再将货币基金赎出

总体来说，虽然京东小金库使用起来较为方便，但是用户还是要理性消费。

3.3.3 京东小金库和余额宝哪个更适合你

京东小金库是继余额宝推出之后的一款投资理财产品，类似于余额宝，都是通过购买货币基金为投资者带来收益。那么，对于用户来说，京东小金库和余额宝相比哪个更适合自己呢？

1. 年化收益率

1）京东小金库

京东小金库的年化收益率约为 2.55%。

收益计算公式：

当日收益 =（京东小金库内已确认份额的资金 /10 000）× 当天基金公司公布的每万份收益

 小贴士

每万份收益为波动值，每日在基金公司进行公布。

京东小金库的收益是每日结算并且复利计算收益，获得的收益自动作为本金第二天重新获得新的收益。

2）余额宝

余额宝七日年化收益率约为 2.8%。

收益计算公式：

当日收益 =（余额宝已确认份额的资金 /10 000）× 每万份收益

假设已确认份额的资金是 9 000 元，当天的每万份收益是 1.25 元，代入计算公式可知当日收益为 1.13 元。

2. 转入的金额和次数限制

1）京东小金库

转入单笔最低金额 ≥ 1 元（可为非正整数）。

转入嘉实活钱包，单日、单笔限额 500 万元，单日无限次，每月无最大额度限制。

转入鹏华增值宝，单日、单笔无限额，单日无限次，每月无最大额度限制。

京东小金库转出至京东钱包实时到账。单笔限额为 5 万元，单日限次为 5 次，单日限额为 15 万元，每月最大额度限制为 100 万元。

2）余额宝

转入单笔最低金额 ≥ 1 元（可为非正整数）。

转出到余额：单日单月无额度限制。

转出到卡：一天 100 次，无月累计上限。

储蓄卡快捷银行卡：不同银行转出额度不同；普通提现卡：单笔 5 万元，每日 5 万元，每月 20 万元。

转出至余额实时到账，转账到银行卡 2 小时内到账。

综上所述，京东小金库基金产品多样，与余额宝相比，支持日转出额度及次数也更多，用户在选择时选择适合自己的产品即可。

3.4 其他"宝宝"类理财产品

"宝宝"类理财产品实际上是活期理财的泛指，具有起点低、存支便捷、灵活性强、安全度相对较高等特点。各平台上线的"宝宝"类理财产品使闲置资金得到收益的同时，支取也非常灵活，因此成为投资者不可缺少的一种理财方式。

3.4.1 工银瑞信现金快线

工银瑞信现金快线，原名工银现金宝，是一款与余额宝类似的货币基金理财产品，2014年4月份更名，其界面如图3-43所示。

图3-43　工银瑞信现金快线界面

目前工银瑞信现金快线的收益率为2.816%，与余额宝差不多，但是工银瑞信现金快线的资金对应的是自己的工商银行储蓄卡，对于工行储蓄卡的用户来说，工银瑞信现金快线资金进出都是秒到，更加安全。

和余额宝一样，工银瑞信现金快线的收益并不固定，随投资的货币基金每日收益变动。基金份额确认后7×24小时随时取现，工行卡最快1秒到账，并且支持手机客户端、微信（工银瑞信微财富）快速取现。单日快速赎回上限已由原来的20万元提升至100万元，快速赎回支持工商银行、农业银行、建设银行等17家银行。

工银瑞信现金快线开户流程如下。

1. 从未购买过工银瑞信基金产品

方法1：进入开户页面，选择身份证、中国护照等进行身份验证，填写开户资料，设置交易密码，开户成功。

方法2：下载工银瑞信手机客户端，点击开户，进行身份验证，填写开户资料，设置交易密码，开户成功。

2. 已购买过工银瑞信基金产品

首次登录选择用户开户证件登录，登录密码为开户证件号码后6位。

3. 淘宝或京东用户

淘宝用户首次登录需使用支付宝和身份证进行身份验证，设置交易密码。

京东用户首次登录需联系客服。

4. 机构用户

进入机构专享平台，登录基金账户，新客户需要先到直销柜台办理开户及开通网上委托功能。

任何投资理财产品，收益自然是需要考虑的重点之一，但除此之外，还有许多其他要素需要综合考虑，投资者要结合自身的实际需求选择适合自己的理财产品。

3.4.2 陆金所平安宝

"平安宝系列"是上海陆家嘴国际金融资产交易市场股份有限公司（下称"陆金所"）为产品及/或项目提供方与陆金所注册会员提供居间服务的开放式现金管理类产品及/或项目。

"平安宝系列"内容如图 3-44 所示。

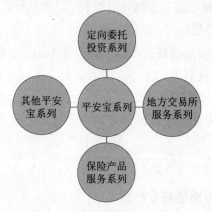

图 3-44 "平安宝系列"内容

"平安宝系列"的重要产品如下。

1. 平安宝 - 金色人生

平安宝 - 金色人生是平安养老保险股份有限公司发行的平安养老金通个人养老保障管理产品（金通 1 号组合）。该产品是平安养老险依据中国保监会颁布的《养老保障管理业务管理办法》（保监发〔2015〕73 号），专门设计的面向个人发行的养老保障管理产品。本产品实行第三方银行托管，产品募集的资金独立于管理人。其界面如图 3-45 所示（https://ljbao.lu.com/yeb/huoqi/productDetail/32534075）。

图 3-45 平安宝-金色人生界面

1）平安宝-金色人生的主要投资方向

平安宝-金色人生是现金管理型开放式养老保障管理产品，主要投资范围如下。

- 流动性资产，包括但不限于：现金、货币市场基金、银行活期存款、银行通知存款、货币市场类保险资产管理产品和剩余期限不超过1年的政府债券、准政府债券、逆回购协议。
- 固定收益类资产，包括但不限于：银行定期存款、银行协议存款、债券型基金、固定收益类保险资产管理产品、金融企业（公司）债券、非金融企业（公司）债券和剩余期限在1年以上的政府债券、准政府债券。
- 不动产类资产，包括但不限于：不动产、基础设施投资计划、不动产投资计划、不动产类保险资产管理产品及其他不动产相关金融产品。
- 其他金融资产，包括但不限于：商业银行理财产品、银行业金融机构信贷资产支持证券、信托公司集合资金信托计划、证券公司专项资产管理计划、保险资产管理公司项目资产支持计划、其他保险资产管理产品。

2）平安宝-金色人生赎回资金到账时间

对于T日（T日为交易日）15:00前提交的赎回申请，管理人成功受理后，正常情况下T+1个交易日内到达投资者的陆金所账户。对于T日15:00后提交的赎回申请，管理人成功受理后，正常情况下T+2个交易日内到达投资者的陆金所账户中，如遇节假日顺延。

3）投资平安宝-金色人生产生的费用

平安宝-金色人生不收取申购费、赎回费和解约费，仅收取管理费和托管费。管理费和托管费每日在产品层面计提。

> **小贴士**
>
> 产品管理人通过陆金所平台公布的七日年化收益率和产品万份收益为扣除费用后的净收益。

2. 平安宝-GHR2号计划

平安宝-GHR2号计划由《国华华瑞1号年金保险（投资连结型）A款》组成，是趸交理财型保险产品，保险期间为十年。该产品为投资连结保险，保单生效后，领取不收取手续费。其界面如图3-46所示（https://ljbao.lu.com/yeb/huoqi/productDetail/32396309）。

图3-46 平安宝-GHR2号计划

1）投资平安宝-GHR2号计划的收益

如图3-45和图3-46所示，平安宝-GHR2号计划的历史年化投资回报率为4.05%，属于固定收益，而平安宝-金色年华使用的是七日年化收益率，为浮动收益。

平安宝-GHR2号计划不收取任何初始费用、风险保费及保单管理费，保费100%进入保单账户计息。保单生效后，领取不收取手续费。

2）平安宝-GHR2号计划的保障功能与保险期间

如果被保险人身故，"国华人寿"按照收到保险金给付申请书和本合同规定的所有证明文件材料的下一个资产评估日的保单账户价值给付身故保险金，给付后保单账户价值为零，合同终止。

保险期间：合同的保险期间是10年，自合同生效日起至约定的终止日24:00止。

3）提现限制

产品资金可随时申请领取，资金审核通过后 1 个工作日内到账（如遇特殊情况顺延，最长 3 个工作日内到账）。

3.4.3 中国电信添益宝

自从余额宝问世以来，形形色色的互联网理财产品与传统的金融产品一起不断刺激人们的眼球。目前，话费理财也是一种流行的理财方式，吸引了不少消费者。中国电信添益宝就是其中突出的一种，其界面如图 3-47 所示。

图 3-47　中国电信添益宝界面

1. 第一个运营商系"宝宝"类理财产品

2014 年 4 月 30 日，中国电信翼支付和民生银行直销银行的"如意宝"合作推出了运营商系的第一款"宝宝"类理财产品——添益宝，对接的是民生加银与汇添富这两款货币基金。添益宝其实是一款货币基金理财产品，和余额宝类似，用户存入翼支付账户的资金不仅可以随时消费支付，还可以获得收益，非常灵活便捷。

目前，添益宝支持的产品包括：中国民生银行如意宝，对接汇添富货币基金；上海银行慧财宝，对接上银基金；嘉实货币 A，对接嘉实基金。

2. 添益宝的收益

添益宝截至目前的七日年化收益率为 4% 左右，略低于余额宝。

3. 购买电信添益宝的优势

（1）添益宝内的资金既可以获取收益，又可以实时用于网上充值、转账、充话费、提现。

（2）用户限额大幅增加。

原有高级实名认证用户限额如表 3-5 所示。

表 3-5　原有高级实名认证用户限额

项目	单笔	单日	单月
充值	1 万元	1 万元	20 万元
提现	3 000 元	3 000 元	3 000 元
消费	1 万元	1 万元	3 万元

开通添益宝后账户限额如表 3-6 所示。

表 3-6　开通添益宝后账户限额

项目	单笔	单日	单月
充值	5 万元	5 万元	30 万元
提现	5 万元	5 万元	10 万元
消费	1 万元	1 万元	3 万元

3.4.4　问答：如何选择合适的"宝宝"类理财产品

问题 1："宝宝"类理财产品还值得投资吗？

"宝宝"类理财产品，也就是我们平常了解到的余额宝、腾讯理财通货币基金、苏宁零钱宝、京东小金库等现金类的货币基金理财产品。在众多的"宝宝"类理财产品中，大家最熟悉的莫过于余额宝。

曾经，余额宝也是受众人极度追捧的一款理财产品，然而时光荏苒，余额宝风光不再，七日年化收益率一路下跌。

投资者进行投资理财最看重的一个方面就是收益，余额宝的收益率下降了，其他的"宝宝"类理财产品也不能幸免，目前市面上的大部分"宝宝"类理财产品的年化收益率都不足 3%。"宝宝"类理财产品的收益率越来越低，这些理财产品还值得我们投资吗？

首先，我们需要了解"宝宝"类理财产品的特点。这类理财产品大部分都是货币基金理财产品，特点是投资门槛低、存取灵活方便。如余额宝，其投资门槛只要 1 元，并且可以通过电脑或手机操作，随存随取。并且一旦存款成功，每天都有计息，甚至是复利计息。如果提现，还有快捷取现功能，当天 2 小时内就能到账。

其次，看收益。虽然"宝宝"类理财产品的年化收益率都比较低，但是和银行存款相比，"宝宝"类理财产品的收益还是高出很多的。目前，银行活期理财产品的年化收益率是0.35%，即使是定期存款，一年期限的利率也只有1.5%，而"宝宝"类活期理财产品的年化收益率都远远高出银行定期存款的收益率。

因此，如果想找一个便捷的理财方式，"宝宝"类理财产品依然是不错的选择。

问题2：怎么选择适合自己的理财产品呢？

据统计，目前互联网"宝宝"类理财产品累计已达上百种，投资者究竟如何选择才能找到适合自己的"宝宝"呢？

1）看产品收益

"宝宝"类理财产品的收益并非固定不变的，会受到国家政策与公司业绩等因素的影响。因此，投资者在选择时，要尽量选择收益相对稳定的产品。目前"宝宝"类理财产品包括两个收益统计标准，分别是七日年化收益率和每日万份收益，前者是一项理论数据，后者是计息当日实际收益，建议投资者一定要两者兼顾，综合把握，不可只看其一。

2）看产品灵活度

虽然与其他理财产品相比较互联网"宝宝"类理财产品灵活便利度最高，但是每个"宝宝"之间还是有一定差异的。投资者在选择产品时一定要看清取现金额、到账时间等具体规定。比如，某一理财产品单日取现金额的上限是多少、取现多久可以到账，如果事先没有了解清楚，碰上急需用钱的情况就会耽误大事。

3）看网站的安全性

除此之外，由于"宝宝"类理财产品属于互联网金融产品的一种，载体是互联网，本质上是金融产品。因此，投资者在选择心仪的"宝宝"时，一定要重点考察网站的安全性，最好选择那种资金闭环操作的"宝宝"类理财产品，保证资金流出安全。

小贴士

闭环就是一个相对封闭的资金流转系统，可以最大限度地规避外部风险因素。举例来说，为了消费便捷，"宝宝"类理财产品常常对接一个支付账户，进而可以赋予"宝宝"消费和转账的功能。但是这样一来，资金流就不是完全闭合的，而是开启了"向外流"的缺口。一旦用户账号与密码被窃取，他人就有可能把"宝宝"账户里的钱划入支付账户，再转到他人支付平台账户，或者直接消费。

第4章

省钱有道,为生活增值

利用好支付工具,也可以节约一小笔开支,尤其是第三方支付工具,为了吸引更多用户的关注和使用,提出了很多优惠政策、返利政策,为用户带来了真正的实惠。

记账本身并不会让你变得更节省,或者积攒更多的钱,但记账是整个个人理财计划中最重要的一步,为理财规划和节约生活成本打下良好的基础。

4.1 认识第三方支付

除网上银行、电子信用卡等支付方式外,还有一种方式也可以相对降低网络支付的风险,那就是正在迅猛发展起来的利用第三方机构的支付模式及其支付流程,而这个第三方机构必须具有一定的诚信度。在实际的操作过程中,这个第三方机构可以是发行信用卡的银行本身。在进行网络支付时,信用卡号及密码的披露只在持卡人和银行之间转移,降低了应通过商家转移而导致的风险。

4.1.1 关于第三方支付

在投资理财中,所谓第三方支付,就是一些与产品所在国家以及国内外各大银行签约,并且具备一定实力与信誉保障的第三方独立机构提供的交易支持平台。国内主要是指支付宝、微信等大的支付平台。

1. 第三方支付的特点

(1)多卡切换方便。第三方支付平台提供一系列的应用接口程序,把多种银行卡支付方式整合到一个界面中,负责交易结算中和银行的对接,使网上购物更加方便、快捷。消费者与商家不需要在不同的银行开设不同的账户,能够帮助消费者降低网上购物的成本,帮助商家降低运营成本。同时,还能够帮助银行节省网关开发费用,并且为银行带来一定的潜在利润。

(2)简单。和 SSL、SET 等支付协议相比,利用第三方支付平台进行支付操作更加简单,并且容易接受。SSL 是现在应用较为广泛的安全协议,在 SSL 中只需要验证商家的身份。SET 协议是目前发展的基于信用卡支付系统的比较成熟的技术。但是在 SET 中,各方的身份都需要通过 CA 进行认证,程序复杂,手续繁多,速度慢且实现成本高。有了第三方支付平台,商家与客户之间的交涉由第三方来完成,使网上交易变得更加简单。

(3)接受度高。第三方支付平台本身依附于大型的门户网站,并且以与其合作的银行的信用作为信用依托,因此第三方支付平台可以更好地突破网上交易中的信用问题,有利于推动电子商务的快速发展。

2. 第三方支付的作用和安全性

第三方支付解决了消费者和商家之间支付信任的难题。在成功解决了资金的安全流转之后,使得交易双方可以安全放心地进行网上交易。

一般来说,第三方支付的最大风险是网络风险。

由于第三方平台是一个虚拟的网络金融机构,它的一些注册资金规模以及层次都不是特别齐全,有一些比较大型的机构相关保障会更全面一些,但是一些地方性的小型支付机构,不管在技术层面还是在对用户的诚信方面,都存在很多不足。

投资者应尽量选择一些背景比较强大的支付平台,此外,最好把银行预留的余额变动提醒金额降低或者通过微信绑定银行卡接收实时、任意金额的变动提醒,防止被人小额多次盗刷而不知情。同时,还要注重保护好个人信息与密码,加强网络支付的安全。

目前中国国内的第三方支付平台主要包括支付宝(阿里巴巴旗下产品)、财付通（腾讯公司产品）、京东支付（京东公司产品）、快钱（99bill）、苹果支付（Apple Pay）、付宝（百度 C2C）、网银在线（chinabank）、汇付天下等几家。其中，用户数量最大的是支付宝和财付通。

1. 支付宝

支付宝是全球领先的第三方支付平台，成立于 2004 年 12 月，致力于为用户提供"简单、安全、快速"的支付解决方案。自 2014 年第二季度开始，支付宝成为当前全球最大的移动支付厂商。

2. 财付通

财付通（Tenpay）是腾讯公司在 2005 年 9 月正式推出的专业在线支付平台，其核心业务是帮助在互联网上进行交易的双方完成支付与收款，致力于为互联网用户与企业提供安全、便捷、专业的在线支付服务。

3. 快钱

快钱公司的总部位于上海，在北京、广州、深圳等地都设有分公司，在天津设有金融服务公司，并且在南京设立了全国首家创新型金融服务研发中心，形成了一支超过 1 200 人的专业化服务团队。快钱界面如图 4-1 所示。

图 4-1　快钱界面

2011 年 5 月，快钱首批荣获央行颁发的《支付业务许可证》，并且担任中国支付清算协会常务理事。

4.1.2　支付宝与微信支付的对比

目前，支付宝与微信都提供强大的第三方支付功能。和支付宝相比，微信及微信支付出现的时间虽然晚了一些,但是发展速度惊人。从影响力来看,目前支付宝与微信已经成为第三方支付平台的两大主流,二者的对比如表4-1所示。

表4-1 支付宝与微信支付的对比

	提现手续费	提现速度	理财产品收益
支付宝	同一身份证下的多个实名账户终身共享2万元基础免费额度(含转账到银行卡、账户余额提现),超过额度后超出金额按照0.1%收取服务费,最低0.1元/笔	部分银行在服务时间内2小时到账,非服务时间一般2天内到账	支付宝的天弘基金,从当初的6%~7%一路跌到现在的2%~3%,基本跟微信持平
微信支付	绑定一个身份证办理的银行卡的账号,累计1 000元免费提现额度,超出1 000元的部分就要收取手续费,费率均为0.1%	两小时或次日到账,根据不同的银行到账时间会有所不同	从零钱入口直接购买理财产品,年化收益率都在2%~3%

尽管微信使得支付宝在连接商户与客户的社交和线下支付领域碰壁,但支付宝独有的优势也是微信无法企及的。支付宝较微信主要有两方面的优势:一方面是在大众认知中支付宝较微信更加安全;另一方面,支付宝不仅仅是一个支付平台,而且已经逐步完成向一个金融平台的转变。

4.2 维护好你的支付安全

第三方支付服务基于开放的互联网,因此在系统运行方面面临着网络硬件安全、网络运行安全、数据传递安全等多方面的问题。目前,第三方支付组织在应对、处置危机方面的能力显得不足,网络运行的安全性也有待改进。

不用输密码,轻松一点就能完成支付,这种简单便捷的支付方式已经不再新鲜。然而,支付风险也随之而来,防范支付风险是每一位消费者必须要面对的实际问题。

4.2.1 设置复杂的交易密码

自从各种快捷支付途径出现之后,银行卡密码不再是网上支付必需的密码,交易时只需要输入登录密码与支付密码就可以完成支付。人们曾经一度怀疑这种做法是否安全。

◆ 理财案例

在宋寒眼中,网购不仅有丰富的选择,价格还更实惠。不过丰富的网购经历让他对网购骗局更加警惕。以前,宋寒都是通过网上银行交易进行网购,后来开通支付宝快捷支付之后就开始后悔了。因为交易过程已经不需要输入银行卡密码了,虽然这样做简化了流程,节省了力气,但是,宋寒总是觉得这种方式使安全系数大打折扣。

宋寒认为自己开通快捷支付时只提供了姓名、银行卡号、身份证号与手机号。但是,在之后使用中每次都没有提供银行卡密码就能完成付款,这让宋寒非常担心,他怕有一天自己储蓄卡里的钱不翼而飞了。

案例启示

案例中宋寒的担忧其实是没有必要的。支付宝有关人士曾表示,在网上输入银行卡的密码反而是不安全的,一般情况下,网银也不需要输入取款密码,只需要输入网银密码即可,而快捷支付同样是需要输入支付宝登录密码与支付密码的。

如果有人想要盗用快捷支付,则必须同时知道用户的姓名、卡号、身份证号、手机号码(银行卡绑定的号码)、短信验证码、支付宝实名验证账户(和银行卡一致)、支付宝登录密码及支付宝支付密码等,因此,盗钱成功的概率并不高。

通过上面的理财案例可以看出,这种第三方支付进行密码确认的方式还是较为安全的。由于涉及的密码不止一个,用户在使用第三方支付时,应该掌握一定的技巧。

设置密码的3个小技巧如下:
- 用户应该尽量为支付账户设置单独的、高安全级别的密码。
- 不要与其他绑定社区账号密码相同,尽量单独注册账号。
- 登录密码与支付密码务必设置成不同的密码,形成"双保险"。

4.2.2 慎点各类不明链接

在使用智能手机上网时,用户看到不明链接一定要小心,这可能是犯罪分子设下的陷阱。如果用户贸然打开不明链接,银行卡信息就有可能被犯罪分子盗用,令自己的资金受损。

◆ **理财案例**

罗睿是一名工厂管理员,有一天,他收到一个陌生号码的短信:"您好,这是我厂需要的几款湿度计的清单(http://url.cn/XPsgFM)。"一开始,罗睿以为发错了短信,后来他越来越好奇,情不自禁地点开了信息中的链接,并且按照链接的指示安装了一款软件。软件安装完也没有出现异常,罗睿也就忘了这件事。

但是到了第二天,有个客户给罗睿打电话,说给他打了3万元货款。如果在平时,罗睿都会收到银行的通知短信，但是这一次却没有收到，他感觉有些奇怪，就去银行查账单。

结果令人大吃一惊，账单显示自从他下载了那款来路不明的软件后，他的银行卡上一共转账了12笔，共计2万多元，都是通过快捷支付完成的，有两笔还购买了机票。然而，对于这12笔转账，罗睿都没有收到短信通知。

罗睿报案后才知道，害了他的正是那个携带不明链接的短信。犯罪分子利用伪基站等形式，给大量手机用户发送短信，如果有人点了链接并下载了软件，手机就相当于下载了病毒。病毒程序可以盗取用户银行卡上的资金，同时令受害者难以察觉。

━━ 案例启示 ━━

　　实际上，这种事件经常发生，原理不难理解，犯罪分子利用病毒软件干扰用户的智能手机，并且盗取用户的银行卡信息进行盗刷。虽然钱财不翼而飞的原理知道了，但是损失的资金并不好追讨。犯罪分子一般都是异地作案，并且利用虚假身份，所以破案是有一定难度的，用户只能通过自身提高警惕，从而增加手机的安全性。

犯罪分子盗刷用户银行卡的操作流程如图4-2所示。

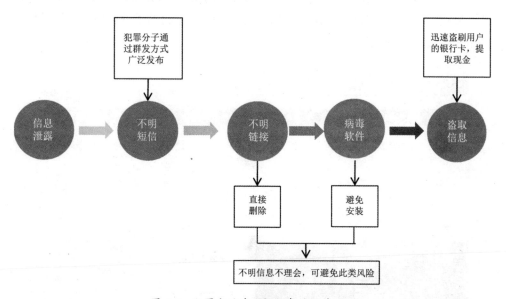

图4-2　犯罪分子盗刷银行卡的操作流程

只要点击了手机上一个陌生号码发来的不明链接，安装了不明软件，银行卡资金就会被套现。这种犯罪手段看起来高明，但是只要用户平时使用手机时提高警惕，就可以避免这样的风险。

> **小贴士**
>
> 正确的做法是,给手机安装防病毒系统,不要随便点击陌生链接。同时,一旦被骗,及时和第三方支付平台取得联系并且投诉,如果不是本人购买也可以拒付,由第三方支付公司承担损失。

4.3 网购返利,买东西还能给你送钱

随着互联网的发展和移动支付的快速普及,人们的生活更加便利,无论外出打车、商场购物还是外卖订餐,甚至在街头小店买点小东西,都非常便捷。

在网购的过程中,第三方导购网逐渐发展壮大起来,除淘宝自身的淘宝客、京东的京粉外,还有一家较有影响力的网站就是返利网。

返利网是一家帮助用户购物返佣金的第三方网站,它通过从商家购物返利,然后将部分返利再返还给用户,其本身是一家导购网站。返利网成立于2006年,主要业务模式是消费者注册返利网后去合作商家购物,商家再给予返利网提成。返利网网站界面如图4-3所示。

图4-3 返利网网站界面

那么,返利网是如何给用户返利的呢?

(1)注册返利网会员,单击"超级返",进入超级返界面,如图4-4所示。

图 4-4　超级返界面

（2）在超级返界面中选择一件商品，单击商品右下角的"马上抢"按钮，如图 4-5 所示。

图 4-5　选择商品

（3）进入"零食欢乐购"页面，其中所列商品下方都有两个价格，一个是原价，另一个是券后价。选择自己喜欢的美食，单击"去下单"按钮，如图 4-6 所示。

（4）进入所选商品页面，单击"加入购物车"或"立即购买"，支付完毕，等待发货。

（5）交易成功后的 3～10 分钟内就可以在返利网的"我的订单"中看到该返利订单，获得返利。最后在订单信息处可以看到"可用返利"的具体可用 F 币，100F 币 =1 元。

图 4-6 下单

虽然每次节省的钱不多，但是长期积累下来也是一笔小财富。

4.4 记账管理，有根据的理财之道

个人生活记账，轻松掌握自己每天的支出、收入，在这个消费日益高涨的时代，清楚自己每天的收支状态是非常重要的。在应用中可方便地添加金钱支出记录，也可查找以前记录的所有消费细节，有它在手，节约无忧。

4.4.1 记账也可以节约开支

◆ 理财案例

每次一起逛商场或者吃饭结账，看到夏明翰拿出手机，朋友们就知道他又要开始记账了。对于"上次去吃饭我们花了多少钱？""去年去成都旅游时住酒店花了多少钱？"这种提问，夏明翰也能不慌不忙地翻看自己的账目记录，然后报出一个非常精准的数字。

一路回想下来，夏明翰自己都觉得，有了记账软件，记账这种事变得更加简单、高效了。如果还是按传统的方式来记账，那么自己应该没过几天就失去兴趣了。"每个月打给父母的生活费可以用固定收支一次性搞定，预算设置管理可以控制容易超支的类别及总支出，总资产的数字也会时刻提醒我手头还有多少'余粮'……"夏明翰大致罗列了一下自己记账这么久积累的经验，十分开心。他觉得自己应该把记

账这件事努力坚持下去，随着总资产显示的余额越来越多，他终于敢尝试下一步了，那就是从记账出发，研究理财产品，开始真正走上理财之路。

> **案例启示**
>
> 随着智能手机的普及，传统的记账方式正在被便利性、科学性及趣味性俱佳的App记账软件所取代，"斤斤计较"的"快乐账客"也是时下当红的头衔。虽然不记账也可以生活，但是"快乐"记账可以更好地生活。

每个月赚得不少却还是"月光族"，工作多年也没有多少积蓄，想省钱却又不知从何下手，手头有点小钱想要理财却摸不清门道，这是大多数人面临的困扰。无论初涉职场的新新人类、刚组建家庭的小夫妻，还是初为人父母、家中顶梁柱、退休一族，在全球金融危机、裁员减薪、物价飞涨的大背景下，规划好个人及家庭的财务状况都是一桩大事。

美国理财专家柯特·康宁汉曾经说过："没有良好的理财习惯，即使拥有博士学位，也难以摆脱贫穷。"使用记账App"快乐"记账就是一种看似琐碎，却对理财大有裨益的好习惯，它可以帮助我们省下没有必要的花费，把钱投入到为未来幸福而理财的计划当中。

1. 记账开启理财的第一步

根据美国学者托马斯·史丹利对近万名百万富翁进行的调查可知，84%的富人都是从储蓄与省钱开始积累第一桶金的；大约有70%的富翁每周工作55个小时，但是依然会抽出固定的时间进行理财规划。

百万富翁都需要花时间进行理财规划，普通人又怎么能忽视呢？要想更好地规划个人及家庭财务，就一定要抽出时间，尽早培养理财习惯。在具体的操作上，每个人都应该有适合自己的一套理财方法，但是常言道："好记性不如烂笔头。"要想做好理财规划，第一步就是学会记账。

有人觉得，记账太麻烦，把时间和心思浪费在记录一些小钱上面似乎并不值得。那么，如何知道自己是否需要记账呢？根据总结，如果你是工资到手半月"月光"者、经常性借贷者、超级购物狂、容易把信用卡刷爆者（含经常分期付款或者只还最低还款额者）、"房奴""车奴""卡奴"、经常感觉工资不涨什么都涨者、有重大计划者（如更换工作、筹备结婚及育儿计划）、冲动型购买者及想存钱者，那么就要快点行动起来了。细细看来，不管我们是否在以上描述中完全"躺枪"，相信大多数人都可以在其中或多或少地找到自己的影子。说到底，每个人都必须诚实地面对自己的财务状况，那么不妨用记账的方式开启理财的第一步。

2. 科学记账益处多

记账是理财的第一步，但是记下每天的衣食住行这些琐碎的小钱对我们的财务困境可以产生多大的帮助呢？其实，记账就像一块"敲门砖"，重要的不只是记账本身，还有这种记账方式积累后的分析与思考。具体而言，记账的好处包括以下几个方面，如图4-7所示。

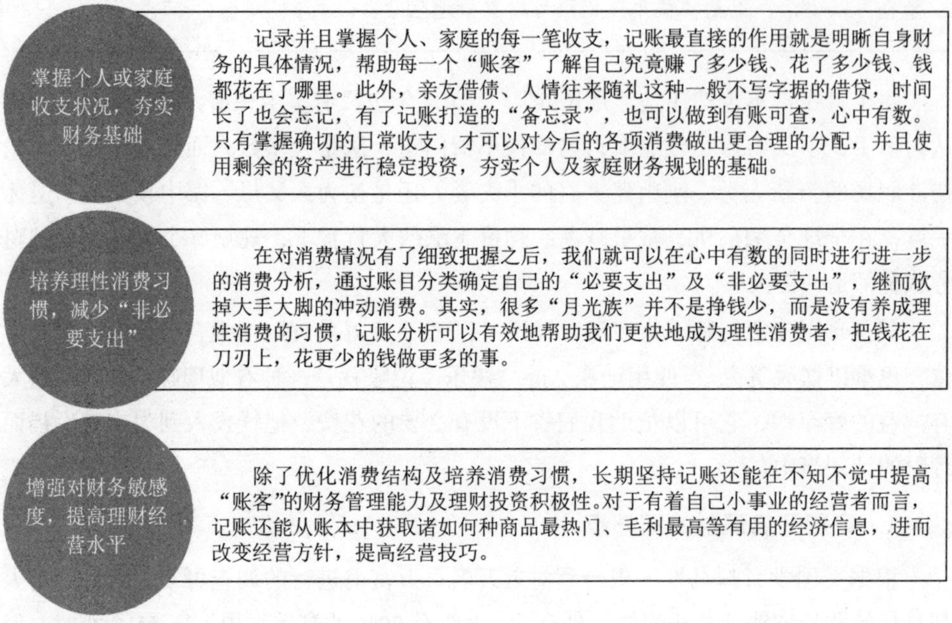

掌握个人或家庭收支状况，夯实财务基础

记录并且掌握个人、家庭的每一笔收支，记账最直接的作用就是明晰自身财务的具体情况，帮助每一个"账客"了解自己究竟赚了多少钱、花了多少钱、钱都花在了哪里。此外，亲友借债、人情往来随礼这种一般不写字据的借贷，时间长了也会忘记，有了记账打造的"备忘录"，也可以做到有账可查，心中有数。只有掌握确切的日常收支，才可以对今后的各项消费做出更合理的分配，并且使用剩余的资产进行稳定投资，夯实个人及家庭财务规划的基础。

培养理性消费习惯，减少"非必要支出"

在对消费情况有了细致把握之后，我们就可以在心中有数的同时进行进一步的消费分析，通过账目分类确定自己的"必要支出"及"非必要支出"，继而砍掉大手大脚的冲动消费。其实，很多"月光族"并不是挣钱少，而是没有养成理性消费的习惯，记账分析可以有效地帮助我们更快地成为理性消费者，把钱花在刀刃上，花更少的钱做更多的事。

增强对财务敏感度，提高理财经营水平

除了优化消费结构及培养消费习惯，长期坚持记账还能在不知不觉中提高"账客"的财务管理能力及理财投资积极性。对于有着自己小事业的经营者而言，记账还能从账本中获取诸如何种商品最热门、毛利最高等有用的经济信息，进而改变经营方针，提高经营技巧。

图 4-7　记账的好处

事实上，记账的意义并非是"记"，"记"只不过是初级的基础，"账客"们的第一步是记录账目，第二步应是总结账目，第三步则是根据账目做预算并且根据预算进行合理消费。只有把清晰的账目记录和科学的分析思考相结合，才可以有效发挥记账的益处，从而优化生活。

4.4.2　常用的三大记账类 App

"工欲善其事，必先利其器"，好"账客"也要配备好工具。作为随身理财记账的全新方式，目前市面上的理财记账类 App 可以说层出不穷、五花八门。以下是当前记账应用中最具特色、口碑较好的三款主流 App，只需选择适合自己的一款，就可以完成日常工作、生活中的各类消费记账，随时随地掌控自身的财务状况。

1. 挖财

挖财是由杭州财米科技有限公司开发的大众记账平台,平台服务由手机端 App 理财平台、网上记账理财平台及挖财论坛三部分组成,是目前国内平台最丰富的个人财务应用,可以为各类"账客"提供完善的手机与网站互联的整套记账解决方案,界面如图 4-8 所示(http://www.wacai.com/)。

图 4-8 挖财界面

这款个人记账应用的流程亮点在于支持拍照和语音识别记账,用户只需要简单记录收支,就可以获得直观的图形化消费明细分析。而其内置的借贷提醒、余额提醒、预算管理、报销管理、信用卡管理及同步备份功能也都很实用,基本涵盖了个人财务管理中可能遇到的大多数场景,非常适合日常及旅行时记账。此外,在挖财的最新版本中,还推出了包含货币基金在内的理财产品购买服务,用户可以在手机端进行比较后绑定银行卡进行交易。

挖财的特色功能如图 4-9 所示。

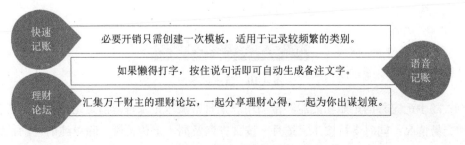

图 4-9 挖财的特色功能

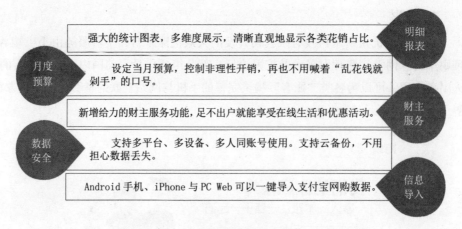

图 4-9　挖财的特色功能（续）

2. 随手记

随手记是由金蝶旗下的个人理财项目金蝶理财网推出的个人理财记账 App，在个人理财领域颇受好评，界面如图 4-10 所示。

图 4-10　随手记界面

随手记完善的记账功能能够帮助用户把日常流水记录得清清楚楚，直观了解各种交易情况，同时支持按年、按月、按日查询及同步上传备份。除单纯的辅助记账外，应用内置的预算管理功能也能够帮助用户设置预算，控制冲动消费。和挖财相比，随手记虽然不能进行语音记账，但也同样支持记账拍照功能，并且提供 18 种数据报表（含饼图与条形图 2 种展现方式），在审阅账目的趣味性上颇具特色。新版增加的分享功能还支持把项目简报发送给朋友或者分享到微信 PK，在互动体验上的设计也显得更加贴心。

随手记的特色功能如图 4-11 所示。

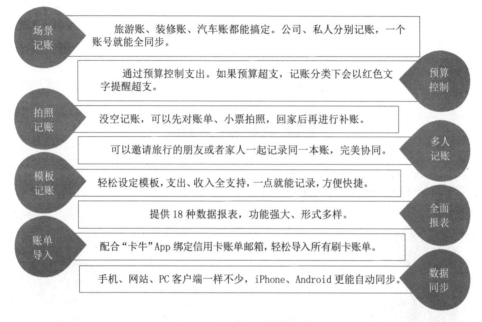

图 4-11　随手记的特色功能

3. 财智快账

财智快账由财智软件出品，定位于为个人、家庭、投资理财用户打造的贴身手机理财工具，界面如图 4-12 所示。

和前述两款记账理财软件相比，虽然财智快账知名度较低，在功能的全面性方面也不占太大优势，但针对普通用户日常的记账方式来说，简单易用的财智快账能够简便地满足日常记账需求，凸显便捷操作的特性。除此以外，这款应用软件的整体 UI 设计相比其他理财软件也更加精简、清爽。点击页面中间的"记一笔"就可以添加新账单，用户可以快速设定支出、收入、转账、借贷等信息。和挖财、随手记相比，财智快账的优势在于化繁为简的操作及小巧的软件体积。

图 4-12 财智快账界面

财智快账的特色功能如图 4-13 所示。

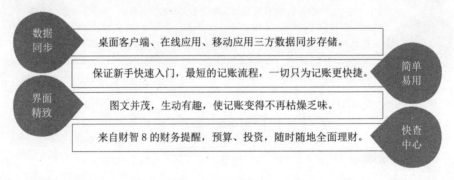

图 4-13 财智快账的特色功能

◆ **理财案例**

　　阿冉是从上大学开始手工记账的，当时账务简单，她记的大部分是大件支出，断断续续的也不是很全面。后来阿冉结婚，家庭财务复杂，需要详细记录每天的支出，但由于花钱多，又零碎，账本携带也不方便，晚上下班回家后再记账总是对不上账单，一些零钱记不清花在哪里了，这让阿冉十分懊恼。2013 年，她开始使用挖财软件记账。挖财的收支分类是阿冉最喜欢的，类别能够自由更换，很灵活。刚开始，她也只是用来记录每天的消费，不懂做预算，后来进入挖财论坛，渐渐懂得了"理财"这个词。阿冉开始大量阅读论坛里面关于理财记账的精华帖，学习记账技巧、学习开源节流、学习如何钱生钱，现在她已经变成一个"小财迷"。

> **案例启示**
>
> 许多年轻人认为,"钱是挣出来的,不是攒出来的"。这句话看起来有道理,但只说对了一半。其实理财与整理房间有着异曲同工之妙:人均空间越少,房间就越需要整理与收纳,不然就会显得零乱不堪。同样,把这个观念运用到经济层面上,当我们可以支配的钱财越少时,就越需要把有限的钱财运用好。

4.4.3 记账要坚持,定期分析才有用

虽然记账的好处很多,但是要坚持有效率地记账却并没有想象中那么轻松。在实际生活中,尝试日常记账的人不少,但是能够坚持下来的没有几个。大多数人都是凭心情,"三天打鱼两天晒网";要么虎头蛇尾,半途而废。究其原因,除记账的动力不足外,太过琐碎、方法不当也是导致记账"前功尽弃"的原因。事实上,记账也是一门学问,要想保持用 App 记账的好习惯,更好、更高效地快乐记账,以下几个小技巧可供参考。

1. 技巧一:及时记录

在所有影响记账积极性和持久性的原因中,一定少不了"太琐碎、有疏漏"这一项。和传统的记账方式相比,App 记账最大的优势就是记录时的便携性、随时性。如果使用者依然使用传统记账方式,以"天"为单位,等到一天工作结束之后再抽出一段时间统一用 App 一次性记账,那么依然无法逃脱"琐碎"和"疏漏"的困扰。因此,使用 App 记账时最重要的就是随手记录,一旦消费完毕,立马进行账目录入。如果当时不方便打字也没有关系,很多记账软件都提供除文字记录外的多种输入方式。比如,随手记设有拍照功能,可以先拍下小票,等有空时再整理;挖财则设有语音记账功能,只需要口头说出需要记录的内容即可。如果能将自己的信用卡、消费账单直接导入到相应的 App 中就更方便了。

2. 技巧二:分类要清楚

有的"账客"为了省事经常在记账的时候记录单一的支出金额,而不标注具体项目或者一直使用默认项目。这种记账方法虽然可以反映总体花费,但是如果长此以往,就容易在记账者进行账目回顾时产生不知钱花在哪里的"糊涂账"。因此建议"账客"在记账时最好分门别类,把餐饮、服装、娱乐、交通等不同门类的支出分开记录,这样就可以在后续回顾检讨时做到井井有条,有助于我们控制各项消费。

3. 技巧三：主目录要清晰

除了及时记账与分门别类，记账软件的设置过程也有窍门。对于刚开始记账的人而言，可以先简化应用中原本比较复杂的一级菜单，让它变得越简单越好用。在操作时，具体的方法是把常用支出进行分类，把包含房贷、水电煤、物业费等每月固定支出从一级菜单中取消，定时统一记录，一级菜单只保留日常记账场景中频繁使用的交通费、餐饮费、购物费及其他常用的消费项目，这样就能够大大简化记账流程，在方便选择的同时更有效地提高记账效率。

4. 技巧四：开源节流

只是流水般完整记录每日消费是远远不够的，记账的目标不只是记，更重要的是要在记录的数据中总结消费习惯。有效的支出检讨应该分为两个方面：就收入方面来看，想想有没有其他开源的可能性；就支出方面来看，检视每笔花费是否必要和合理。有规律的消费记录分析及检讨可以帮助我们不断改进自己的消费结构，同时增强记账的积极性。这项工作也不需要天天执行，每个月用一天处理即可。

5. 技巧五：设定记账提醒

无法每天坚持，几天漏记之后索性"破罐子破摔"中止记账也是没有记账习惯的人经常会遇到的问题。对于这种情况，多数记账应用软件都内置了专门的提醒功能，建议"账客"可以按照需要设定合理的提醒时间及提醒周期。如果觉得自身鼓励还不够，也可以在网络上或者与周围的朋友共勉，参加或者组织记账比赛，相互提醒与分享记账的成果，保持及时记账的好习惯，增加记账的趣味性。

◆ 理财案例

严莉莉从上大学起就养成了记账的好习惯，那时候家里给的生活费不是很多，但是她都会把每一笔开支记录下来，到了月末还会进行一次总结，看看哪些开支是不合理的。记账让严莉莉学会了如何有计划地配置自己的资产。

毕业第一年，严莉莉工资收入并不高，每个月扣完个税和保险，到手只有2 000元，但是日常开支和房租加起来有600元，平时还要买衣服、交际，每月还要花400～600元不等。为了可以尽量减少开支，严莉莉每次购物都要提前想好才行，只买急需用品：她把每个月攒下来的800～1 000元在下个月发工资之前都存在一个一年定期储蓄账户中，通过这种"滚雪球"的存款方式，一年之后，加上自己发的年终奖，她的银行存款已经达到了20 000多元。

后来因为工作出色，严莉莉被提升为公司部门经理，工资也涨到了4 000元，此时她的银行存款已经达到35 000元。

初步积蓄积累后，严莉莉决定增值自己的存款。她把自己的存款全部用来购买年化收益率约为5%的互联网理财产品；工资增加后每个月可以省下2 000元左右，每个月将1 000元投资P2P理财产品，另外1 000元存入银行定期。

三年后，严莉莉的长期理财产品到期，加上利息收入一共有4万多元，银行存款有36 000元，P2P理财产品本息共计约有42 000元。此时，这个小"记账婆"手里已经有了一笔不小的财富，于是严莉莉决定为自己按揭购买一套住房。与此同时，很多收入比她高的朋友却还在过着"月光族"的生活，严莉莉的前景令朋友们羡慕不已。

案例启示

记账让严莉莉对自己的每一项支出都做到心中有数，从而使她可以合理安排自己的理财计划；银行的定期存款能够帮她应付一些意外开销；购买互联网长期理财产品可以保证理财收益；P2P理财产品风险比较大，但是平均收益比较高，可以达到10%左右。三者相结合，既可以实现财富增长，又可以降低风险。

第5章
白条消费，利用时间差理财

白条消费，即提前消费，一方面为顾客提供便利，省去每次交纳现金的麻烦，同时它的消费价格也低于正常的消费，颇受顾客青睐；另一方面，商家可一次性预收顾客的钱款，相当于有了一个固定的客源，所以白条消费在相关行业，尤其在服务行业相当盛行。

5.1 白条消费也能理财

说到白条消费，大家的第一反应一般都是贷款买房、买车和信用卡消费。从理财的角度来看，合理的提前消费是可以令个人资产的货币时间价值得到很好的延展及利用的。因此，提前消费也是一种理财方式。

曾经有一个故事广为流传：一个中国老太太与一个美国老太太死后在天堂相遇，中国老太太说："我攒了30年的钱，终于在晚年买了一套大房子。"美国老太太说："我住了30年的大房子，终于在临终前还清了全部贷款。"这个故事对我国民众消费观念的改变起到了非常重要的作用。

自从国外"先消费后买单"的思想得到国内民众的广泛认同后，提前消费逐渐取代了传统消费观念。提前消费也称为超前消费、透支消费，是指当下的收入水平不足以购买现在所需的产品或服务，而以贷款、分期付款或预支等形式进行的消费。

◆ **理财案例**

小李是三线小城市的一名普通工薪族，每个月的工资只有3 000元，但是在他所在的小城市买一套100平方米的房子也要50万元。按照他目前的收入水平，如果不现在购买，按目前的房价涨速，小李可能一辈子都买不起房子，无法拥有一个自己的家。但是通过提前消费和银行贷款，只要首付20万元，每个月月供差不多1 500元就够了。这样小李不仅有了自己的房子，还可以有计划地还房款，每个月的工资都能合理配置。

案例启示

负债过日子是一种压力，也是一种动力，负债可以激励人们更努力地工作以解决自己的负担，满足自己的生活要求。此外，适度的负债可以有效地提高投资效率，充分享受生活的乐趣，提高家庭的生活质量。总体来说，提前消费在一定时期对经济发展有一定的刺激作用。

从这个角度来看，提前消费实际上也是一种理财的方式，可以称之为提前消费理财。如果10年前把10 000元放在银行储蓄到现在，那么由于物价的上涨，这10 000元就不会和10年前一样值钱了，它已经贬值了。但是如果10年前向银行贷款了10 000元，现在来还这笔钱，这就是收益很高的一种理财方式。

5.2 利用白条进行理财的优势

提前消费理财是一种没有直接收益率可以参考的理财方式，用户不知道通过这种理财方式能够获得多少收益。然而，提前消费理财具有购买理财产品所无法比拟的优势，主要表现在以下几个方面。

（1）首先，通过提前消费能够带动新的消费热点，扩大市场需求，使消费结构更加合理，同时可以反向促进生产的增长，使生产和消费保持良性循环。其次，提前消费能够增加资金利用率，只有真正进入市场流通的资金，才可以具有货币本身所应具有的价值。最后，促进个人信贷消费是政府为拉动内需，促进经济增长与转变银行经营机制的一项重要举措。比如，如果消费总额中信贷消费的比例占10%，就可以拉动经济增长4个百分点。

（2）对于个人来说，提前消费不仅可以帮助自己购买超出目前购买能力的消费品，改善生活质量，还能够激励个人奋发向上。身上有经济压力，行动上也就更有积极的动力，有了挣钱还贷的压力，也就更加珍惜自己的工作机会。可以说，提前消费给个人在物质与精神上都产生了极大的激励作用。

（3）国家政策目前也在鼓励消费的积极性。为了刺激国民消费，国家强化了宏观调控，有计划地加速商品房的建设与家用汽车的生产，扩大了消费领域。国家还制定了一系列鼓励消费的政策，其中信用消费、按揭消费、个人贷款都是很有吸引力的办法，吸引了众多喜爱提前消费的消费者。

小贴士

事实上，政府的大量举债、企业的借贷也是一种超前消费观念的宏观表现，推动了地方的建设和企业的发展。

提前消费的观念不仅能够激活银行资金，还可以激活市场，特别是激活了房地产市场与汽车消费市场，扩大了内需。另外，这种消费方式还解决了许多人的住房问题。

5.3 打白条的风险

虽然提前消费具有很多优势，可以帮助用户获取一定收益，但是不可否认的是，提前消费也是一把双刃剑，肯定它的好处的同时，也不能忽视了它可能会给社会带来的不良影响。提前消费理财存在一定的风险，这是每个用户都需要了解的。

和投资一样，提前消费也同样有风险。如今社会上比较出名的"卡奴"一族就是提前消费特有的产物，如果对提前消费控制不当，就会给社会的思想与经济方面带来不良的影响。

过度的提前消费给消费者带来的压力有可能超出他们的心理承受能力。如果因为攀比心理提前消费，随之而来的还贷压力必定会加大经济压力，从而造成心理上的压力，生活质量、自身心态也会受到影响，具体表现为以下几个方面。

（1）提前消费可以刺激人们对物质的追求，但是过度追求物质享受也容易产生严重的拜金主义思想，使公众的价值观、人生观极度扭曲，甚至容易产生极具破坏性的享乐主义与不切实际的浪费文化。

（2）提前消费有可能导致"负翁""卡奴"。缺少有效的制度规范与约束，一切都会走向预期的反面，使经济发展的稳定受到影响，致使银行的呆账、坏账泛滥成灾，为社会埋下很多失控的潜在危险。

（3）提前消费会对借贷方的财产构成侵害，产生社会信用危机。同时，提前消费也会影响负债人的信誉，导致他们在经济与精神上的双重压力，更容易产生经济纠纷。

根据一项问卷调查的结果可知，我国背有房贷的人心理上容易产生焦虑情绪的比例高达98.09%。因此，对于提前消费这个社会发展的必然产物，用户应量力而行，防止提前消费成为过度消费，令这把"双刃剑"充分发挥优势，同时又要尽量避免潜在的风险。

在美国，提前消费为社会经济埋下祸端的可能性是很小的，因为有很多完备的制度规范和消费信贷制度相配套，人们从借贷之初就处于制度监控之下。有了这些制度规范，"负翁"和"卡奴"就处于制度的框架之内。我国如果想要控制提前消费的风险，就有必要建立一系列配套的制度。

5.4 选择适合自己的提前消费产品

目前很多互联网公司与零售业企业都相继推出了提前消费产品，其中比较知名的有京东白条、支付宝蚂蚁花呗和苏宁零钱贷。三者的申请都很简单，只要是京东、支付宝和苏宁用户，就会有对应的账号，一分钟就可以完成申请与授信，并且不需要有信用卡。

5.4.1 支付宝蚂蚁花呗

蚂蚁花呗运营近两年来，已经成为促进消费的重要产品，既可以帮助商家提升交易，也可以帮助消费者提升购买力，并且获得越来越多年轻人的喜爱，其界面如图5-1所示。

1. 蚂蚁花呗介绍

根据蚂蚁金服发布的数据显示，蚂蚁花呗的用户中年轻人占比很高，平均每4个90后中就有1个人使用蚂蚁花呗。不过，蚂蚁金服也同时强调，拉动消费的目的并不是鼓励用户过度消费，蚂蚁花呗基于用户的消费记录与习惯，通过模型给不同用户合适的额度。数据显示，蚂蚁花呗支付使用的不良率不足1%，低于行业平均水平。

花呗除了应用于阿里巴巴电商平台，在滴滴打车、饿了么、12306、线下商户等外部渠道同样可以应用。

小贴士

利用蚂蚁花呗消费，支付宝公司会有不同力度的返还现金的活动，这对于消费者来说是很大的实惠。

2. 开通蚂蚁花呗的条件

（1）注册一个支付宝账号。

（2）支付宝绑定银行卡，并且开通快捷支付。

（3）是淘宝的长期活跃用户。

（4）芝麻信用分达到 600 分以上。

3. 如何设置蚂蚁花呗为"首选支付方式"

（1）支付宝蚂蚁花呗的开通方法很简单，首先登录自己的支付宝 App，如图 5-2 所示。

图 5-1　蚂蚁花呗界面

图 5-2　支付宝主界面

（2）点击右下角的"我的"，然后点击"花呗"，如图 5-3 所示。

（3）打开"花呗"界面，点击"设置"→"设置首选支付方式"，如图 5-4 所示。

（4）点击"设置花呗为首选付款方式"，如图 5-5 所示。

第 5 章　白条消费，利用时间差理财

图 5-3　支付宝"我的"界面　　　　图 5-4　"设置"界面

图 5-5　设置花呗为首选付款方式

◆ 理财案例

小王在开通蚂蚁花呗之前，在余额宝存了 1 000 元，以后 5 天之内每天都存 1 000 元，然后用余额宝中的钱去天猫商城买一些小东西，并用余额宝分期购买。过了一段时间后，小王开通蚂蚁花呗，发现自己的额度要比同事小李的高，原来小王的这些行为都已经成为蚂蚁花呗额度审核的标准。

137

> **案例启示**
>
> 通过上述案例，下面总结了一些提高蚂蚁花呗额度的技巧：
> （1）转账到支付宝1 000元以上，如有余力，多多益善，保持收益一个星期以上。
> （2）购买支付宝推出的一些定存理财产品，比如招财宝。
> （3）把支付宝安全等级开通，级别调到最高。花呗涉及支付问题，如果你的账户安全等级不够，可能也会阻碍蚂蚁花呗的开通和使用。
> （4）有信用卡的用户，多绑定信用卡，付款尽量使用信用卡付款。
> （5）淘宝账号要经常有消费记录。
> （6）尝试频繁使用支付宝购买小额实物产品。
> （7）经常使用支付宝转账、还款、买飞机票、住酒店，以及缴纳水、电、煤气账单等。
> （8）提高人脉关系，经常和好友互相转账，经常给好友发红包。

5.4.2 京东白条

京东白条，是京东推出的一种"先消费，后付款"的全新支付方式。在京东网站使用白条进行付款，可以享有最长 30 天的延后付款期或者最长 24 期的分期付款方式，是业内第一款互联网消费金融产品，其界面如图 5-6 所示（http://baitiao.jd.com/）。

图 5-6 京东白条界面

1. 京东白条介绍

2014 年 2 月，京东金融推出消费金融产品白条，成为业内首款面向个人消费者的互联网消费金融产品，以对消费者的大数据信用评估为依据，为用户在京东商城购物时提供"先消费，后付款""30 天免息，随心分期"服务，成为行业创新典范。

2015 年 4 月，京东白条开始走出京东商城，融入更多场景，如今覆盖了教育、租房、装修、旅游、婚庆等众多消费场景。

2016年8月，京东白条并入京东钱包。白条作为京东钱包的一个重要频道入口，从线上走向了移动端的更多场景。比如，北京地区崇光百货、燕莎商城、京客隆超市等，在这些场景中，使用京东白条付款有相应的优惠。

此外，白条还和中信银行、光大银行合作，推出联名信用卡，又名"小白卡"。这是一款"互联网+"信用卡，受到年轻人的追捧，也是众多年轻人的第一张信用卡。而这张卡进一步体现了白条在互联网和银行、线上和线下的信用连接器作用，专享银行+互联网的组合权益。

2. 开通京东白条的条件

（1）必须要在京东有6笔消费记录，并且达到铜牌会员。

> **小贴士**
>
> 京东的会员级别分为5个等级，分别为注册会员、铜牌会员、银牌会员、金牌会员、钻石会员。会员级别的升降均由系统自动处理，无须申请。会员级别由成长值决定，成长值越高，会员等级越高，享受到的会员权益越大。

（2）必须要绑定一张银行卡。

> **小贴士**
>
> 如果有6笔（货到付款）京东交易记录，没有绑定银行卡，则需要在开通白条时绑定一张信用卡。

3. 如何开通京东白条

（1）登录京东App，点击"我的"，如图5-7所示。

（2）在"我的"界面中点击"白条"→"激活白条"，如图5-8所示。

◆ 理财案例

小敏大学毕业之后参加工作不到两年，由于选择在一线城市工作，每个月除去房租、生活开支，剩下的可支配收入就不多了。最近由于工作需要，小敏需要购买一台笔记本电脑，她听说京东有白条消费，可以分期付款，这样能够解决燃眉之急，也能够为小敏缓解经济压力。于是小敏注册了京东白条，并且通过白条服务购买了一台品牌笔记本电脑。由于小敏是第一次使用白条支付，京东还优惠了50元现金，30天免息，小敏每个月仅需还款400多元。这样一算，小敏真是得到了一笔小实惠。

案例启示

京东白条最高 1.5 万元的信用额度，30 天内免息还款，在 3~24 个月内分期还款。如果不分期，京东白条可以 30 天后延期付款，不会产生费率。分期服务可选择分 3 期、6 期、12 期、24 期，费率标准为 0.5%~1.2%，违约金费率为 0.05%/日起。使用京东白条一定要按时还款，否则会产生违约金，并且也会影响个人的信用记录。

图 5-7　京东"我的"界面　　　图 5-8　激活白条

5.4.3　苏宁零钱贷

零钱贷是苏宁金融打造的一款让购物款也可以赚钱的创新金融产品，具有边购物边理财的特点。用户只需要开通零钱宝并且存入一定金额的理财资金，就可以快速开通零钱贷服务。用户购物支付时选择使用零钱贷支付，等额的零钱宝资金将会被冻结，但是冻结资金依然可以享受 30 天的收益。使用零钱贷支付之日起到第 30 天为还款日，易付宝将会自动扣除相应金额的零钱宝资金用来还款，不需要担心逾期，也没有任何费用，十分方便。

苏宁零钱贷的推出，让消费者在苏宁易购购物时，不仅可以买到心仪的商品，而且可以赚到一定的收益。同时，零钱贷的使用范围非常广泛，目前苏宁易购电脑端所有实物商品都可以使用零钱贷支付。

零钱贷最高申请额度是 5 万元，在此额度内零钱宝内有多少资金就能够申请多少额度。

5.4.4 支付宝蚂蚁花呗、京东白条和苏宁零钱贷的比较

虽然都是互联网提前消费产品，但三者之间还是有一定区别的，主要表现在以下几个方面，如图 5-9 所示。

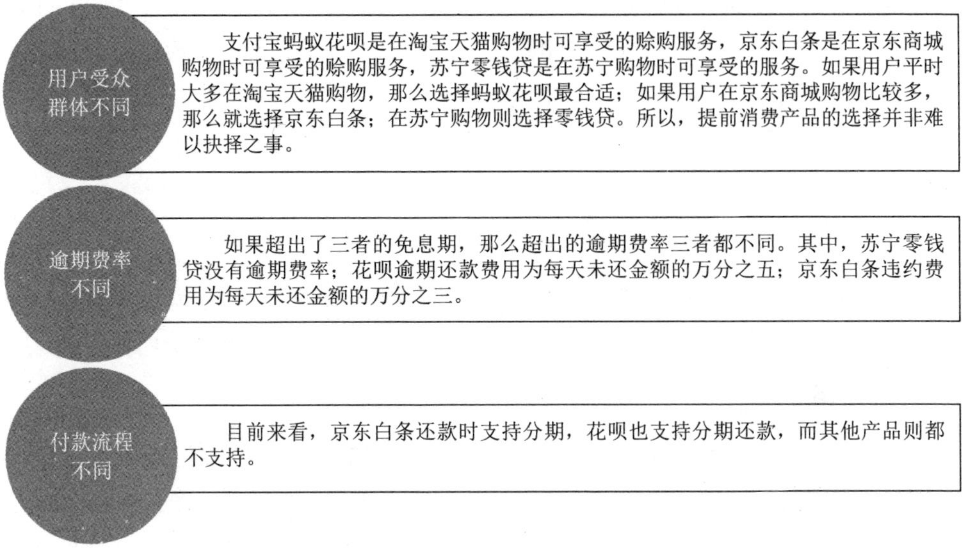

用户受众群体不同：支付宝蚂蚁花呗是在淘宝天猫购物时可享受的赊购服务，京东白条是在京东商城购物时可享受的赊购服务，苏宁零钱贷是在苏宁购物时可享受的服务。如果用户平时大多在淘宝天猫购物，那么选择蚂蚁花呗最合适；如果用户在京东商城购物比较多，那么就选择京东白条；在苏宁购物则选择零钱贷。所以，提前消费产品的选择并非难以抉择之事。

逾期费率不同：如果超出了三者的免息期，那么超出的逾期费率三者都不同。其中，苏宁零钱贷没有逾期费率；花呗逾期还款费用为每天未还金额的万分之五；京东白条违约费用为每天未还金额的万分之三。

付款流程不同：目前来看，京东白条还款时支持分期，花呗也支持分期还款，而其他产品则都不支持。

图 5-9 支付宝蚂蚁花呗、京东白条和苏宁零钱贷的区别

此外，三者之间还有一些其他方面的差别，如还款日、消费额度、还款方式都有所不同，三者的比较如表 5-1 所示。

表 5-1 支付宝蚂蚁花呗、京东白条和苏宁零钱贷的比较

项目	京东白条	支付宝蚂蚁花呗	苏宁零钱贷
消费额度	一般为 3 000～5 000 元，最高 1.5 万元，支持京东商城全品	一般为 1 000～30 000 元，与天猫分期共享消费额度	最高申请额度为 5 万元，在此额度内管苏宁零钱宝资金
还款日	不固定，自消费日起 30 天免息，可分期付款	固定还款日，每月 9 日，最长可达 40 天	不固定，自支付之日起 30 天
还款方式	可通过网银钱包或京东金融 App 还款	自动关联支付宝余额、余额宝、绑定银行卡还款	自动关联易付宝还款

通过对比可以发现，苏宁零钱贷和京东白条、支付宝蚂蚁花呗相比，在免息期方面并没有特别的优势，尽管在申请额度方面要高一些，但这是以零钱宝的资产进行抵押的。可见，三者都是先消费后付款，苏宁零钱贷在规则上要比京东白条与支付宝蚂蚁花呗更加严格和谨慎。此外，如果把用于白条或者花呗还款的钱存在其他"宝宝"类产品中，其收益也是可观的。

5.5 信用卡分期付款

信用卡分期付款是指持卡人使用信用卡进行大额消费时，由银行向商户一次性支付持卡人所购商品（或服务）的消费资金，然后让持卡人分期向银行还款并支付手续费的过程。银行会根据持卡人申请，将消费资金和手续费分期通过持卡人信用卡账户扣收，持卡人按照每月入账金额进行偿还。信用卡分期付款属于先消费后付款，其也属于白条消费的一种。

5.5.1 信用卡分期付款分类

国内银行绝大多数都有信用卡分期付款业务，分期付款一般根据场合的不同分为商场（POS）分期、通过网络和邮寄等方式进行的邮购分期与账单分期。

1. 商场分期

商城分期又称为 POS 分期，是指持卡人到购物场所，在可以进行分期的商场进行购物。在结账时，持该商场支持分期的信用卡说明需分期付款。收银员将会按照持卡人要求的期数（如 3 期、6 期、12 期等，少数商场支持 24 期），在专门的 POS 机上刷卡。

 小贴士

在进行商场分期的时候，需要进行持卡人身份验证，所以切记带上身份证。

商场分期一般 3 期免手续费，6 期和 12 期的费率各银行收费标准不同。分期付款的商品只要是该商场正常销售的商品，一般均可以进行分期。而在很多情况下，持卡人还可以将多个商品捆绑在一起结账，然后进行分期。

2. 邮购分期

邮购分期指持卡人收到发卡银行寄送的分期邮购目录手册（或者银行的网上分期商城），从限定的商品当中进行选择，然后通过网上分期商城订购、打电话或者传真邮购分期申请表等方式向银行进行分期邮购。

邮购分期一般无论期数多少均不收手续费。但由于订购周期较长（很多情况下会超过 15 个工作日才能拿到商品）且退换货相对烦琐，所以建议用户购买前多进行比较。

3．账单分期

这是最为方便的一种分期方式，各家发卡银行基本都能够支持此种分期方式，且申请简便。用户只要在刷卡消费之后且每月账单派出之前，通过电话等方式向发卡银行提出分期申请即可。但是要注意，各银行都会规定一些特例，如带有投机性质的刷卡是无法成功分期的。所以在进行分期之前，一定要仔细阅读分期手册。

> **小贴士**
>
> 账单分期的不足之处就是不能免手续费。所分的期数越长，手续费越高，而且全部由持卡人自己承担。

5.5.2　信用卡分期付款的优缺点

我国信用卡市场发展过程中存在联合发展机制不健全、市场渗透率低、竞争主体单一、风险管理水平有待提高等诸多问题，但随着管理水平的提高及人们理财和信用意识的增强，现在信用卡分期付款给消费者带来了许多便利之处，提高了居民的消费能力。那么，信用卡分期付款到底有哪些优缺点呢？

1．信用卡分期付款的优点

我们在购买东西时，都会有一个分期付款的选项，那么相比其他付款方式，分期付款有哪些优点呢？

（1）先享受，后付款。

（2）申请起点低。消费只要单笔满 600 元，部分银行甚至单笔满 300 元即可申请分期付款。

（3）期数选择多。分期付款期数分 3、6、9、12、18、24、36 个月等多个档期供持卡人选择，还可提前还款或再选择展期。

（4）免保证人，申请手续简单。

（5）还款方便。每月随对账单提醒用户还款，还可开通短信提醒还款，营业网点、自助终端、网上银行、电话银行、手机银行等多种还款渠道供用户选择，还可指定账户自动还款。

（6）提供展期功能。可以通过电话银行、柜面办理分期付款的展期业务，延长分期付款的期限，降低每月扣款的金额，减轻持卡人还款压力；申请办理展期的，按照展期手续费标准向持卡人收取展期手续费。

（7）积分累计、商场消费可以打折或满额送礼。

 小贴士

> 虽然分期付款优点多多，但还是会产生手续费。所以，如果经济条件允许，直接全额还款更加划算。

2. 信用卡分期付款的缺点

现在已经进入了信用社会，越来越多的人开始使用信用卡消费。想买的东西太贵，没有足够的储蓄，选择信用卡分期付款无疑是最明智之举。然而，信用卡分期的弊端你考虑过吗？

（1）信用卡分期占信用额度。根据调查，目前主流银行的分期还款都是占信用卡额度的，而且手续费也要占用额度。

（2）手续费高。通常看到"申请分期还款，手续费率低至0.7%"的宣传。一般人认为年利率也就是 0.7%×12=8.4%。其实，据测算，0.7%月费率折合的年利率高达16%，是同期贷款利率的3.7倍。

（3）已还本金仍收手续费。以 12 000 元分 12 期还款为例，本金随着还款而逐月减少，到了最后一期就只占用银行 1 000 元的额度。但是银行每期仍按照 12 000 元的全额本金来收取手续费。你有没有感觉自己很亏呢？

（4）提前还款手续费照收。申请信用卡分期还款为的是解决短期资金紧张的问题，待有钱时就全额还清。可是，多家银行规定，提前结束分期的人必须一次性把账单和各期手续费都还清。

（5）造成"还款轻松"的假象。选择信用卡分期，化整为零，每个月的还款压力小不少，从而很容易造成卡友"还款轻松"的假象，刷卡更加无节制。长此以往，容易养成不良的消费习惯。

 小贴士

> 选择信用卡分期付款要根据实际情况而定，如果不是特别紧急的情况，不建议用户使用信用卡分期付款的消费方式。

5.5.3 如何申请信用卡分期付款

日常生活中，很多人都喜欢用信用卡刷卡消费，但怎么申请呢？

1. 拨打银行的信用卡服务热线

用户只需拨打信用卡中心的电话，通过电话语音提示，或者转人工服务，即可开通分期付款的业务。

2. 登录网上银行

用户只需登录所在银行的信用卡网站，注册网上银行，进行资料设置之后就能登录网上银行页面。在菜单里可对本期账单分期付款，也可查看某笔单独的消费，然后点击申请分期付款，可以选择6、12期或更长期限的还款方式。

5.5.4 利用信用卡分期付款提额的技巧

1. 选对时机再分期

申请分期也要讲究时机。据了解，大的节假日，比如国庆节、春节后申请分期，还款完成后提额的成功率最高。这是因为这类假期较长，卡友的消费需求比较旺盛，通常能刷到信用卡额度的60%~70%，甚至是更高比例的额度。分期还款后，以额度不够使用为由申请提额，成功率会比较高。

2. 使用账单分期而非现金分期

信用卡分期分为账单分期和现金分期。账单分期是卡友消费后，出了账单后在还款日前进行分期。现金分期不占用额度，是银行单独核发给持卡人的现金贷款，卡友可取现使用。据了解，账单分期对提额的帮助要明显高于现金分期。

3. 少采用小额分期

小额分期对于提额的效果并不显著，建议想要提额的卡友们，尽量在大笔消费后再申请分期，分期金额在5 000元以上为佳。

4. 分期期数在6期以上

分期期数越多，手续费费率越高，银行从中获得的收益也就越多。因此，分期期数在6期以上，对银行来说"贡献度"较大，在提额时自然也就比较痛快。

5. 按时还款很重要

这是最后一点，也是最重要的一点，办理分期之后一定要记得按时还款。一旦发生逾期，提额基本就没戏了。

◆ **理财案例**

李然经过四年的爱情长跑，马上要和女友结婚了。即将步入婚姻殿堂的李然，爱情的甜蜜幸福溢于言表,但他心中还有一个隐忧:婚房已经准备好了,但是装修要一大笔费用。刚刚工作3年的他根本没有实力一下子拿出8万元用来装修,何况还有婚庆、旅行等费用需要他来买单。而且,在通胀预期下,会不会将来装修需要的钱远不止8万元了?

就在他为此愁眉不展时,他无意中发现,如今银行已经有了家装分期业务。于是,李然来到银行咨询相关业务,他了解到,这项业务只需提供装修合同和相关证件,审核通过后刷卡即可,没有利息,一年期4%的手续费款项在首期还款时一次性支付,另有延期还款6个月的服务,这样李然就没有必要急着支付这笔钱,从而解了燃眉之急。

── 案例启示 ──

李然利用银行给出的优惠条件,选择分期付款之后,不仅可以减轻短期资金困难的压力,还可以提前享受高品质的生活,只要各期及时还款便不必支付丝毫利息;最后,也是最为重要的好处在于信用卡分期付款方式有助于培养现代人健康的理财观念,有利于将现有资金用作他项投资,减少沉没成本,使持卡人本应即刻支付的资金转而为其盈利。

第6章

保障之选：保险理财

通过保险进行理财，是指通过购买保险对资金进行合理安排和规划，防范和避免因疾病或灾难而带来的财务困难，同时可以使资产获得理想的保值和增值。

6.1 以保代理，现代人必备的理财方式

随着我国经济的发展，人们的观念也在逐渐变化，保险逐渐成为高净值人士、中产阶级的标配，从人们眼中的"不需要"变成了"必需品"，甚至成为了很多人眼中的一种保障和理财方式。

和前面所说的传统投资理财方式不同，保险理财更多的是一种保障，在如今的互联网时代，保险的购买也变得简单起来。那么，究竟什么是保险理财呢？

1. 保险理财的概念

众所周知，保险是一种对意外、疾病、伤残及死亡等风险的保障。而人们提到的保险理财一般包括两方面意思：一是指具有保障功能的理财产品，如防范意外或为长寿准备的储蓄。二是指具有理财功能的保险产品，即除保障功能外，还可以满足

人们参与股票证券市场的需求的产品。

2. 保险理财的风险

投资有风险,具有理财功能的保险产品也同样有风险。由于具有投资功能的保险是一种结合保障和投资双重特性的保险,所以一部分用来保障,一部分用来投资。保险公司在保费中扣除成本费与管理费后,把余额按照投保人的意愿进行投资,保障部分产生的风险由保险公司承担,而投资部分的风险就需要由投资者自行承担。

6.2 互联网理财型保险

理财型保险,也称为投资型保险,最早诞生于国外,起因是投保者希望缴纳的寿险保单也可以进行投资并产生收益,后来这种模式迅速扩张,目前国内还处于快速发展之中。理财型保险可以分为分红险、万能寿险及投资联结险三类,各自特征如表6-1所示。

表6-1 理财型保险的特征

种类	特征
分红险	投资相对保守,风险低,收益相对也低
万能寿险	主要投资国债、企业债等,设有保底收益,存取灵活,收益稳定
投资联结险	投资相对激进,无保底收益,风险大,当然收益也可能大

1. 互联网理财型保险的优势

面对一路走低的"宝宝"类理财产品,超短期、灵活存取、安全稳定、收益率更高的保险理财产品自然受到用户的青睐。目前,有多款理财型保险的预期年化收益率超过5%,远高于收益率跌破3%的"宝宝"们。

在强调高收益的同时,互联网理财型保险还打起了超短期及低门槛的旗号。许多理财型保险可存定3个月、1个月,甚至和"宝宝"类货币基金一样灵活存取,当日提取,次日到账。在投资门槛方面,有的1 000元起投,有的可1元起投。并且,留存时间越长的互联网理财型保险,收益率越可观。

对此,曾有报道指出,保险的理财产品会比货币基金在收益方面更有吸引力,但是风险也相应较高。保险投资的范围比货币基金更大,可投资信托、专户等产品,很容易获得较高的收益率,也很容易带来比货币基金更高的风险。

小贴士

货币基金风险虽然比较小,但是收益是浮动的,而理财型保险大多给出的是预期收益率,并且一般都能够实现。

2. 购买理财型保险时擦亮眼

互联网理财型保险看起来虽然不错,但是购买时也有需要注意的地方。保险公司根据监管规定在需要披露信息时基本都会披露,但是字体、字号及呈现位置、呈现方式的不同,导致许多用户更容易注意到这些保险理财产品的魅力,而忽视了风险因素。因此,投资者在购买理财型保险时一定要看仔细再下单。

此外,不管是银行理财产品还是各种互联网理财产品,大部分都是通过互联网来进行销售的,并且这些产品都不具备保障属性,购买者如果遭遇疾病、意外身故或全残,并不能得到赔偿。

有专家指出,单纯从理财角度来看,保险理财产品并没有公募基金透明。保险理财产品不会注明具体的投资标的,结算利率一般也是一周或者一个月左右才会披露一次。

对于保险公司来说,理财型保险强调高收益、超短期及低门槛,很容易给保险公司的资金运作端带来很大压力,因此保险公司推出这类产品时应该更加理性和谨慎。

6.3 做好一生保障,让保险也为你赚钱

刚刚接触理财型保险的投资者可能对保险本身不是很了解,或者投资理财型保险后对保险本身产生了兴趣,想要给自己配置一些保障型保险产品,却连保险的种类都分不清楚,更无法选出适合自己的保险品种。因此,投资者在购买保险之前一定要对保险的品种进行梳理,以下是人一生中最需要也是最重要的五份保险,有所了解才能有所选择。

6.3.1 社保,基础保障

社保,全称为社会保险,是指国家为了预防和分担劳动者的年老、失业等社会风险而强制社会多数成员参加的,具有所得重分配功能的非营利性社会安全制度。社保为丧失劳动能力或者因为健康原因影响正常生活的人提供一种补偿。

社保分为多个级别，不同级别缴费也不同，即社保基数不同，每年各地都会根据实际情况调整社保缴费基数。

社保的缴纳主要包括两种情况：

（1）单位给员工购买。

（2）个体人员自己参保。

如果是单位给员工购买，那么单位需要给员工缴纳大部分，而员工自己只需要缴纳小部分，具体比例如表6-2所示（以北京地区为例）。

表6-2　2016年度北京用人单位及职工社会保险缴费标准

户口性质	险种	缴费基数（元）	企业缴费比例	企业各险实际缴费（元）	企业总缴费（元）	个人缴费比例	个人各险实际缴费（元）	个人总缴费（元）
城镇	养老	2 834	19%	538.46	1 041.61	8%	226.72	320.43
	失业	2 834	0.8%	22.67		0.2%	5.67	
	工伤	4 252	0.5%	21.26		个人不缴费	0.00	
	生育	4 252	0.8%	34.02		个人不缴费	0.00	
	医疗	4 252	10%	425.20		2%+3元	88.04	
农村劳动力	养老	2 834	19%	538.46	1 041.61	8%	226.72	314.76
	失业	2 834	0.8%	22.67		个人不缴费	0.00	
	工伤	4 252	0.5%	21.26		个人不缴费	0.00	
	生育	4 252	0.8%	34.02		个人不缴费	0.00	
	医疗	4 252	10%	425.20		2%+3元	88.04	

如果是个体人员自己参保，那么自己需要缴纳全额的社保，而个人参保中的养老保险又分为几个档次，以北京市为例，个人委托存档的灵活就业人员缴纳职工基本养老保险、失业保险和基本医疗保险，月缴费金额如下。

1. 职工基本养老保险、失业保险

（1）以北京市2015年职工月平均工资为缴费基数的，月缴纳职工基本养老保险费1 417.2元、失业保险费85.03元。

（2）以北京市2015年职工月平均工资的60%为缴费基数的，月缴纳职工基本养老保险费850.4元、失业保险费51.02元。

（3）以北京市2015年职工月平均工资的40%为缴费基数的，月缴纳职工基本养老保险费566.8元、失业保险费34.01元。

（4）享受社会保险补贴人员，月缴纳职工基本养老保险费170.04元、失业保险费5.67元。

2. 医疗保险

不享受医疗保险补贴人员，个人月缴费为347.2元；享受医疗保险补贴人员，个人月缴费为49.6元。

不管是单位购买社保，还是个体参保，在业务办理完成之后，都会获得一张社保卡，参保人员可以使用这张社保卡的账号与密码登录社保网址，查询自己的社保信息。以下是北京社保网上服务平台的首页图，如图6-1所示（http://www.bjrbj.gov.cn/csibiz/home/）。

图6-1　北京社保网上服务平台

◆ 理财案例

彭放大学毕业后一直在一家医药公司就职，最近一段时间，由于长期应酬，身体健康受到影响，个人业绩有所下滑，几次被公司经理叫去谈话。彭放在一次不愉快的谈话后，毅然辞职，并且一气之下退掉了在公司缴纳的社保。

然而他拿到手的社保退款却只有几百元，这令他很困惑，他在公司交了两年的社保，为什么到手的只有这一点呢？正好他有一个同学在保险公司工作，他便打电话咨询了一下。

同学告诉彭放，他到手的这几百元是他曾经自己缴纳的部分，而单位缴纳的部分则被国家收回到养老统筹基金中去了。

案例启示

上述案例告诉我们一个道理，员工离职后，尽量不要去退保，并且一旦有了新单位，就要尽快续上，否则最终吃亏的还是自己。

一旦退保，不仅像案例中的彭放一样，只能获得较少的退保金额，还会影响医疗保险。医保机构每个月会往个人医保账户转入个人缴纳的部分，用于刷卡买药或者看门诊，一旦离职超过3个月，没有补交，那么医保就无效了。

6.3.2 财产险，意外灾害保障

财产保险，是指投保人根据合同约定，向保险人交付保险费，保险人按保险合同的约定对所承保的财产及其有关利益因自然灾害或意外事故造成的损失承担赔偿责任的保险。

财产保险主要是家庭或者企业购买的保险，一般包括两种情况：

（1）为固定资产购买保险，如房屋和机器设备等。

（2）为流动资产购买保险，如存折和基金等。

下面就来认识一下这两种财产保险的理赔方式。

1. 固定资产的理赔

当固定资产遭受损失时，如房屋、机器设备及运输工具等发生损毁、淘汰或盘亏等净损失时，一般都可以办理理赔，那么要怎样办理呢？

以下是固定资产损失计算的标准，如表6-3所示。

表6-3　固定资产损失计算的标准

划分标准	损失程度	理赔标准
保额＝重置重建价值＝原值的加成	总损失	理赔额≤重置重建价值额
保额≥重置重建价值	全部损失	理赔额＝重置重建价值额－应扣残值
保额≥重置重建价值	部分损失	理赔额＝损失金额－应扣残值
保额≤重置重建价值	全部损失	理赔额＝保额－应扣残值
保额≤重置重建价值	部分损失	理赔额＝保额×财产受损失程度

◆ 理财案例

冯铮是一家机械厂的老板，他给机械厂厂房购买了财产保险，保额是10万元。

在保险期间，由于意外，厂房发生火灾，冯铮的厂房被烧毁几间，损失6万元。冯铮投保时，他的厂房市价是11万元，出险时的市场价是12万元，这让他很疑惑，不知道自己究竟可以获得多少理赔额。

> **案例启示**
>
> 冯先生的投保方式是固定资产投保,属于保额小于重置重建价值的情况,其理赔额=保额×受损失程度=100 000×(60 000÷120 000)=50 000(元)。

2. 流动资产的理赔

不管是固定资产,还是流动资产,遭受损失时,都要申请理赔。因此,流动资产也有损失计算的标准,如表6-4所示。

表6-4 流动资产损失计算的标准

承保方式	损失程度	理赔标准
按最近账面余额投保	全部损失	按保额理赔,如果流动资产的实际损失小于保额,则理赔金额不能超过实际损失
	部分损失	按实际损失进行理赔,如果受损的保额小于出险时的实际价值,则理赔金额按一定比例计算
按最近12个月平均的账面余额投保	全部损失	按出险时的账面余额计算理赔金额
	部分损失	按实际损失金额计算理赔金额
按未列入或已推销账面财务投保	全部损失	按保额进行理赔
	部分损失	按实际损失计算理赔金额

6.3.3 人身意外险,给自己和家人一个保障

意外险,也就是意外伤害保险,是以意外伤害而致身故或残疾为给付保险金条件的人身保险。

意外险是最容易被人们所接受的保险之一,许多保险公司都推出了多种类型的意外险。投资者在购买时,应根据自己的实际情况进行选择。

◆ **理财案例**

小松经过朋友的推荐通过互联网购买了一份为期一年的意外保险,保费是90元。上周末他因为睡觉落枕去医院检查,医生诊断结果是"落枕,颈背肌筋膜炎,但无外伤",并给小松开了一些药,总共花费500元。

小松回家后,想起自己曾经购买过意外险,心想这种情况应该也属于意外吧。于是他带上资料去保险公司理赔,但是保险公司拒绝了。理由是意外伤害理赔一般会以造成伤害的最直接与最接近的原因来界定,而导致落枕的原因有很多,包括睡觉姿势、外界压力、感染风寒等,因为导致小松落枕的意外伤害因素无法确定,因此无法给其理赔。

—— **案例启示** ——

从上述案例中可以看出，并不是每一种意外都可以理赔，就算在理赔范围内，但是由于意外的伤害因素无法确定，也不能实现理赔。保险不是什么都能装的"筐"，并非投保了一种保险，无论发生了什么，保险公司都能赔。这里，小松仅购买了意外保险，该险种条款所规定的意外事故有三个条件：必须是突然的、不可预见的和由外来原因引起的。

小松所发生的情况并不是由于外来原因引起的，而是他本人的疾病所致，所以不属于意外保险的责任范围。

6.3.4 万能险，根据情况自定义

万能险之所以被称为"万能"，是因为投资者在投保以后，可以根据不同阶段的保障需求以及资金情况，对保额、保费及缴费时间进行自定义调整。

也就是说，只要投保人支付了某一期中的最低金额的保险费之后，就可以在任意时间支付任意金额的保险费，并且可以根据实际情况任意提高或者降低交付金额，只要投保人的保单投资账户中积累的额度足以支付以后各期的风险保障成本与费用即可。

◆ **理财案例**

宋河大学毕业后一直在一家外企工作，已有3年，目前年收入约有8万元。经过朋友推荐，他在网上给自己买了一份万能险的终身寿险，年缴费8 000元，保额为15万元，缴费期限是20年。

根据万能险的性质，宋河可以在生活压力很大时，如买房、买车或者养育孩子阶段，把保额提高到20万～30万元。等到签订合同的第5年，宋河就可以领取当期应交保费的3%作为特别奖励，这个奖励可以直接领取现金，也可以抵用保费。

如果按照中档的利率结算宋河的保单，那么他的保单的价值约为60万元。如果将保单进行投资收取利息，那么他的保单的价值可高达120万元。

—— **案例启示** ——

从上述案例中可以看出，宋河在生活压力很大的情况下，能够调整自己万能险的保额，同时还可以将保单进行投资理财，获取更高的收益。

6.3.5 大病健康险

健康险,全称为健康保险,也叫疾病保险,是指保险公司通过疾病保险、医疗保险、失能收入损失保险和护理保险等方式对因健康原因导致的损失给付保险金的保险。

健康险和其他保险不同,其有自己的特点,如图 6-2 所示。

期限较长	健康险的期限与其他保险相比(除重大疾病保险外),时间要长很多。
给付方式	健康保险的给付根据保险合同中承保责任的不同,分为补偿性给付和定额给付。费用型健康险属于补偿性给付;而定额给付型健康险,则依据保险合同事先约定的保险金额予以给付。
需要体检	一般的保险,在购买时没有太多其他的要求,而健康险却有一个较为严格的核保过程。当投保人的保额过低时,需要填写健康提示书;当投保人的保额过高时,保险公司会要求投保人进行体检。
合同条款	健康险除带有死亡给付责任的终身医疗保险外,都是为被保险人提供医疗费用和残疾收入损失补偿,基本以被保险人的存在为条件,受益人与被保险人为同一人,所以无须指定受益人。

图 6-2 健康险的特点

6.4 让财富增值的三种保险理财产品

保险除具备保障功能外,还具有较大的投资理财价值。目前,我国各个保险公司陆续推出了投资型保险种类,主要包括投资连结保险、分红保险与万能保险三种。对于投资型保险这类创新型理财产品,投资者需要仔细了解产品的性质和特点,从而避免投资风险。

6.4.1 投资连结保险

投资连结保险,又称"变额寿险",是一种新形式的终身寿险产品,集保障与投资于一体。其中,保障方面主要是,如果被保险人保险期间意外身故,投保人将会获取保险公司支付的身故保障金,同时通过投连附加险的形式也可以令用户获得重大疾病等其他方面的保障;投资方面指的是,保险公司使用投保人支付的保费进行投资,获取收益,如图 6-3 所示。

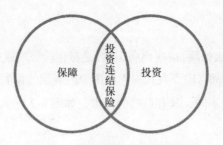

图 6-3　投资连结保险示意图

作为一种新型险种，投资连结保险具备了保障和投资的功能，这主要是通过投资连结保险的账户设置来实现的。一般而言，投资连结保险都会依据不同的投资策略与可能的风险程度开设三个账户：基金账户、发展账户与保证收益账户。投保人能够自行选择保险费在各个投资账户中的分配比例，如图 6-4 所示。

图 6-4　投资连结保险账户

任何投资都是有风险的，只是风险的大小不同而已，保险投资也不例外。投资连结保险的风险需由投资者自行承担，如果有收益，保险公司就会返还到用户账户，但是如果出现亏损，那么保险公司也不会承担任何责任，所有亏损与风险都由投资人自己承担，所以购买投资连结保险时一定要慎重。

如果想要进行短期投资获得收益，那么投资连结保险并不是最好的选择。由于投资连结保险本身的账户设置及其他市场因素的影响，其更适合有一定收入盈余同时可以承担风险的投资者。

◆ **理财案例**

韩越平时喜欢在互联网上投资股票、债券和基金等,有一次,他在给自己的车险续保时,看见保险公司推出一款投资连结保险型的理财产品,年化收益率基本可维持在5%。经过一番计算,他决定购买一份。

于是韩越一次性缴纳保费5万元,其中60%被分配到优越增值型账户中,主要用来投资股票、开放式基金、风险高的债券等;40%被分配到货币风险规避型账户中,用来投资收益比较稳定的证券或其他固定资产收益类产品。

—— 案例启示 ——

投资连结保险一般可以实现从高风险到低风险的转化,即增值型的账户可以转化成货币避险型账户,而增值的保单价值可以作为孩子的教育金或者未来的养老金。但是在转换过程中,投资者需要缴纳一些手续费。

从上述案例可以看出,韩越购买的投资连结保险和股票投资一样,存在几个账户中,并且账户风险不同,分配资金不同。

6.4.2 分红保险

分红保险指保险公司将其实际经营成果优于定价假设的盈余,按照一定比例向保单持有人进行分配的人寿保险产品。简单来说就是,投保人可以分享红利,享受保险公司的经营成果。

目前,分红保险是保险理财产品中的佼佼者,产品种类也较多,如中国人寿推出的国寿金如意年金保险、新华人寿推出的吉祥如意分红两全保险等,都属于分红保险产品。分红保险的风险由保险公司和投保人共同承担,相对于投资连结保险而言风险小了很多,这也是其逐渐流行的原因之一。

既然是分红型保险,那么必然涉及盈利分红的问题。分红保险的红利主要来源于寿险公司的"三差收益",即死差异、利差异与费差异。红利的分配方法主要包括现金红利法与增额红利法,两种盈余分配方法代表了不同的分配政策与红利理念。

1. 现金红利法

采用现金红利法,每个会计年度结束后,寿险公司首先根据当年度的业务盈余,由公司董事会考虑指定精算师的意见之后决定当年度的可分配盈余,各保单之间按照它们对总盈余的贡献大小决定保单红利。这是北美地区寿险公司一般采用的一种红利分配方法。

2. 增额红利法

增额红利法以增加保单现有保额的形式分配红利，保单持有人只有在发生保险事故、期满或者退保时才可以真正拿到所分配的红利。增额红利由定期增额红利、特殊增额红利及末期红利三部分组成，如图6-5所示。

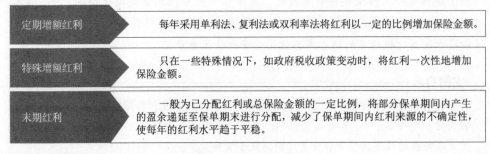

图 6-5　增额红利的组成

分红保险产品比较适宜收入稳定的人士购买，对于有稳定收入来源、短期内又没有一大笔开销计划的家庭，买分红保险产品是一种比较合理的理财方式。收入不稳定或者短期内预计有大笔开支的家庭需要慎重选择分红保险产品，因为其变现能力相对比较差，如果中途想要退保提现以应对不时之需，那么可能会连本金都不保。

◆ **理财案例**

付帅在自己30岁生日时给自己买了一份分红保险，保额为9万元、缴费期限为3年、年缴保费为64 130元，他选择的红利领取方式是累计生息。

按照他所购买的保险公司常用的低档红利利率，等到他60岁的时候，可以累计超过18万元的红利；等到70岁时，可以累计约30万元的红利。虽然受到通货膨胀的影响，30年或者40年后，18万元、30万元已经不是现在的价值，但也是一笔不小的收入。并且，现在的钱不管投资何种领域，都会受到通货膨胀的影响。

案例启示

上述案例中的付帅购买的9万元的分红保险，就是对人生的保障，而他60岁、70岁累计的红利，即为参与的保险公司的分红。

6.4.3　万能保险

万能保险，是指包含保险保障功能并设立有单独保单账户的人身保险产品。按照合同约定，保险公司在扣除一定费用之后，把保险费转入保单账户，并且定期结算保单账户价值。保险公司按照合同约定定期从保单账户价值中扣除风险保险费等费用。在投资收益方面,这一类产品为保单账户价值提供了最低收益保证。

在投保万能保险之后,投保人可以根据人生不同阶段的保障需求与财力状况,调整保额、保费及缴费期,确定保障和投资的最佳比例,让有限的资金发挥更大的作用,这也是其"万能"的意义。

万能保险是风险和保障并存,介于分红保险和投资连结保险间的一种投资型寿险。在这种"万能保险"的保险方式下,消费者缴纳的保险费被分成两个部分,一部分用来保险,另一部分用来投资。投资部分的钱可以由消费者自主选择是否转换为保险标的,这转换可能表现为改变缴费方式、缴费期间、保险金额等的调整。

万能保险根据保障额度的不同,又可以分为重保障型与重投资型两种产品,如图 6-6 所示。

重保障型:特点是保险金额高,前期扣费高,投资账户资金少,前期退保损失大。代表产品为中英人寿的《金菠萝 B 款》,保额为保费的 50 倍,同时首期扣费高达 65%,适合无其他风险保障但有一定投资风险承受意识和能力的中青年人,但要确保长期持有。

重投资型:保险金额低,首期扣费少,投资账户资金较多,退保损失小。代表产品为 NG 太平洋安泰的《财富人生》,保额最高可达 500 万元,首期扣费仅 5%,但因为采用自然费率,年轻人的风险保费很低,既可以做高保障,又可以起到代替储蓄的保值作用。

图 6-6　万能保险的种类

万能保险产品一般需要支付费用,包括风险保费、保单初始费用、保单管理费、中途退保或者部分领取的手续费等,尽管有时网站做活动,降低万能保险产品的总体费用,但是也并非"零费用"。

6.5　保险,人生三大阶段的生活保障

◆ **理财案例**

美国一个小城市,一位母亲与自己 5 岁的儿子相依为命,但是每个月他们都会收到一张汇款单,汇款人是孩子的父亲。直到某一天,母子两人收到的是一盒骨灰以及一份保险单。

原来,孩子的父亲生前购买了一份 40 万美元的保险。保单中约定,如果自己身故,保险公司需每月支付他的家人一定的生活费,一共 20 年。因为这份生活保障,妻子

和儿子总能定期领到生活费。20 年后，小男孩成为一名学业有成的研究生。在自己的毕业典礼演讲中，他讲述了自己和父亲的感情，感谢父亲用另一种方式陪伴了自己 20 年。

> **案例启示**
>
> 如果人的一辈子都平平安安、健健康康的，没有生病，没有意外，那么这个人终生劳动所得应该可以令自己的家人过上美满幸福的生活。但是有谁可以保证自己从来都不会生病、不会出意外呢？为了防止自己有意外，影响家庭的生活质量，购买一份合适的保险十分有必要。

一份保险既是对家庭的责任，也是对自己的保障。对家庭的责任包括对父母的赡养、对子女的抚养、对家庭大宗资产负债的偿还；对个人的保障包括健康与养老问题的提前准备。因人生各个阶段都有自身的特点，面对不同的特点与责任范围，个人与家庭都应该做出相应的保险规划，来保证生活质量。

1. 人生三大阶段

当个人或者家庭规划各自的保险时，有三大重要的人生阶段是必须考虑的，如图 6-7 所示。这三大阶段发生的事件、时间节点前后，每个人承担的责任将会发生重大变化，需要规划的保险内容也不同。

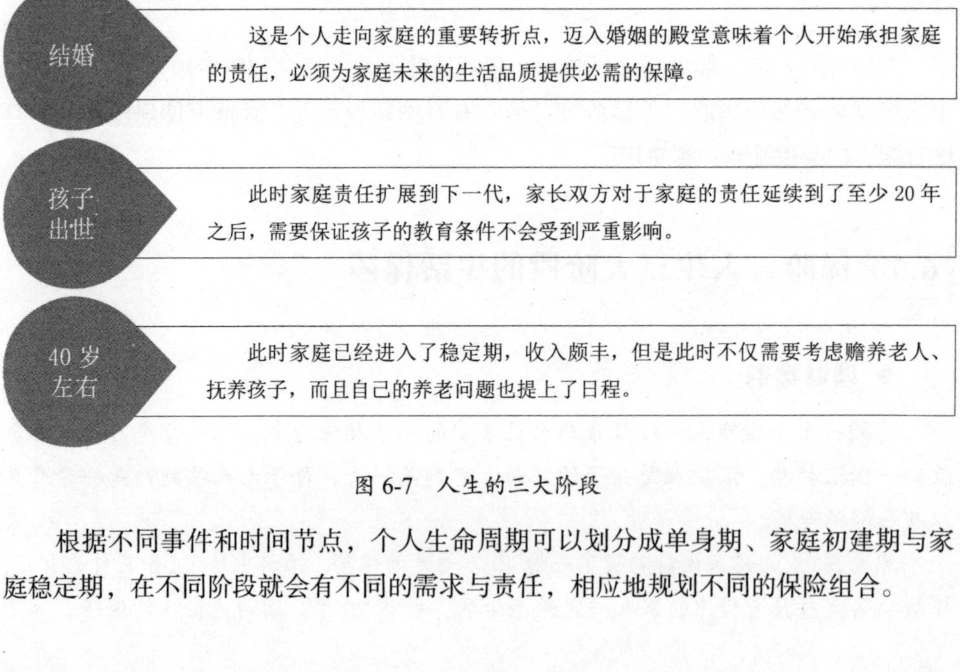

结婚	这是个人走向家庭的重要转折点，迈入婚姻的殿堂意味着个人开始承担家庭的责任，必须为家庭未来的生活品质提供必需的保障。
孩子出世	此时家庭责任扩展到下一代，家长双方对于家庭的责任延续到了至少 20 年之后，需要保证孩子的教育条件不会受到严重影响。
40 岁左右	此时家庭已经进入了稳定期，收入颇丰，但是此时不仅需要考虑赡养老人、抚养孩子，而且自己的养老问题也提上了日程。

图 6-7　人生的三大阶段

根据不同事件和时间节点，个人生命周期可以划分成单身期、家庭初建期与家庭稳定期，在不同阶段就会有不同的需求与责任，相应地规划不同的保险组合。

2. 不同的保险规划

一个人离开学校步入社会以后，开始具备收入能力，这也是给自己规划保险的开始。此时，个人事业刚刚起步，年轻人会在不断尝试中定位自己。在这一阶段，许多单身者不需要负担家庭责任；消费习惯方面也没有太多规划，很难有大量储蓄。然而，年轻人喜欢参加户外运动、旅游等意外风险比较高的活动。因此，购买保险时需要考虑的第一因素就是避免意外风险。年轻人刚刚踏上工作岗位，收入不高，可以考虑一些定期的寿险产品，因此投保产品主要是消费型、纯保障型产品。

结婚生子不仅是人生大事，更是个体走向家庭的重要转折点，对于个人的保险规划也有着非常重要的转折意义。不仅个人的责任将会扩大到家庭，还会因为孩子的出生，令家庭的消费方式产生巨大的变化。

孩子出世以后，教育经费是不可忽视的问题。因此，家长除了规划自身保障，还要规避因为家长意外造成孩子未来教育中断的风险。另外，也可以选择长期的理财型保险，为孩子储备教育资金。

40岁左右，个人进入不惑之年，原本的压力没有消除，而未来养老的压力已经出现，专业的养老产品是必备之选。由于年龄渐长，家庭资产用来投资高风险理财产品的比例应该有所下降，投资储蓄型理财产品是可以考虑的增值手段。

从健康险方面来看，由于年龄原因，出险概率非常高，因此个人可以购买的健康险产品已经非常有限。不是被拒保，就是要加费，甚至会出现保费和保额倒挂的问题。对于资产丰厚的家庭来说，此时另一项重要任务就是通过保险进行资产转移与资产锁定。

> **小贴士**
>
> 如今，中国还没有开征遗产税，保险在这方面的优势还不明显，但是将来这会是税制改革的一个方向。

6.6 理财型保险与保障型保险，哪种更适合你

近年来，越来越多的针对特定人群、特定需要的个性化保险产品相继亮相，各大保险公司之间的竞争也愈演愈烈。许多人对于保险该如何选择还是感觉比较困惑，对理财型保险与保障型保险这两大保险派系不是很了解，不知道区别在哪里。下面我们来具体看一下。

1. 概念

1）理财型保险

理财型保险是人寿保险的主推综合险种，兼顾保障与投资功能。理财型保险主要分为三大类：分红保险、投资连结保险及万能保险。购买理财型保险，主要通过保险进行理财，对资产进行合理规划，使自己的资产获得理想的保值与增值。比如，各大公司的开门红产品基本都属于理财型保险。

2）保障型保险

保障型保险同样属于寿险类别，主要是指纯保障型的意外险、重疾险、寿险等。以一个通过各类风险精算而出的额定费率，以保费换保额的简单模式，还包括各类细分的航意险、旅意险、退货险、医疗险等。

2. 理财型保险与保障型保险的区别

经过类比分析可知，理财型保险与保障型保险的区别包括以下几个方面，如图 6-8 所示。

保费和缴费方式不同	理财型保险具备保障和理财双重功能，保费起交金额相对较高。在缴费方式上，通常是年缴，以三年缴/五年缴为主。可根据投保人的经济收入灵活调整，属于保本理财型产品。由于不具备理财功能，保障型保险保费相对较低。缴费方式也是固定的，由于有疾病豁免保费的功能，所以缴费年限越长越好，缴费以年缴为主，也有月缴和季缴。
产品侧重点不同	理财型保险主要侧重理财，是保本增值的保险产品。投入一笔资金，为养老、孩子的教育、财富传承和单纯理财做准备。保障型保险侧重保障，是抵御风险的纯风险保险型产品。以较低保费获得高保额，用于抵御长期的疾病风险，为医疗做补充。终身寿险一般都包含正常身故赔付，也就是说不出险也能当作财富传承。
优缺点差异明显	理财型保险的优势是稳定，适合的年龄段广，风险低、收益稳定；缺点是过于复杂，导致一些信息不对等、多引起一些误解，灵活性较差，收益见效慢、周期长，投资门槛也较高。保障型保险的优点是费用低、保障高，保障条款简单明晰，相对于理财型保险更易懂，而不会出现分歧；缺点是投保条件有限制，费率高低差别大。
产品受众不同	理财型保险适合有保本理财需求的消费者，原则上是已经拥有了意外、重疾、医疗和养老保障，又有一定闲置资金的群体，适合作为低风险保本增值的长期资产配置。保障型保险适合各类有保障需求的人群，由于相对来说单纯的保障型险保费较低，所以适合经济状况初步成型但又缺乏抵御风险能力的各类人群。

图 6-8 理财型保险与保障型保险的区别

小贴士

在选择保险时，原则上是保障型保险优先于理财型保险，保险的初衷还是为了抵御风险，在合理地分摊了风险以后，才可以考虑各类理财产品的配置。

综上所述，理财型保险与保障型保险各有优势，也各有不足，但是没有绝对好坏之分。买保险就像买衣服，根据自己的需要买，适合自己的才是最好的。一定不能跟风盲投，各类保险都有各自适合的场景和应用，不能通过重疾险来养老，也不能指望理财险可以补充医疗。由于不了解保险类型而盲目投保，致使保障错位，就得不偿失了。

◆ 理财案例

葛志辉大学毕业之后就进入一家国企实习，转正至现在已工作两年。由于企业效益不错，葛志辉的收入也是水涨船高，不断增加。目前，他的年收入已达10万元，公司的福利保障也很齐全。在他所在的城市，葛志辉轻而易举地跻身"小资"的行列。葛志辉喜欢新生事物，酷爱户外运动，每个月工资基本都用在户外活动上，单身生活过得十分滋润。半年前，葛志辉交了女朋友，日常消费急剧增加，甚至出现了透支的情况。这种状态持续了大半年。因生活无规律，葛志辉又突发了肠炎，住院期间花了不少钱，虽然有医保报销了一部分，但是这件事让葛志辉沉下心来重新审视自己的资产，他觉得必须对自己的财务状况进行合理规划，特别是在社保之外另购保险。

案例启示

葛志辉的个人状况是目前许多年轻人普遍面临的问题。葛志辉目前还处于事业起步阶段，消费方向与类型比较分散，养成良好的资金打理习惯是首要的。其次，葛志辉的潜在风险意识比较弱，目前也没有太多家庭压力，平时参加户外运动比较多，意外风险需考虑。最后，每个月应该有固定的储蓄金额，每月工资的40%用于购买理财型保险，确保投资安全的同时，获取较高的收益。

6.7 网上自助购买保险，费用更低、保障更高

保险公司的理财产品作为一种特殊的理财方式具有其自身的特点与优势，适合的人群也较广，如果你打算购买，应该做好咨询了解工作，结合自身实际情况进行购买。

一般来说，投保人购买保险产品可以通过保险公司、保险代理人、银邮代理机构、专业中介机构、其他兼业机构等渠道。购买保险时，应该重点查看保单样式是否正规、是否有承保公司签章、能否取得正规发票、售后是否有保险公司电话回访等。

网上销售保险的平台主要包括保险公司官网、保险代理商销售网站等。消费者可以在购买之前进行充分比较，选择适合自己的平台进行购买。以平安保险为例，购买步骤如下所示。

（1）登录平安保险官网（http://e.pingan.com），选择一款理财产品，如图6-9所示。

图6-9　登录平安保险官网并选择产品

（2）进入理财产品页面，输入相关信息，单击"立即投保"按钮，如图6-10所示。

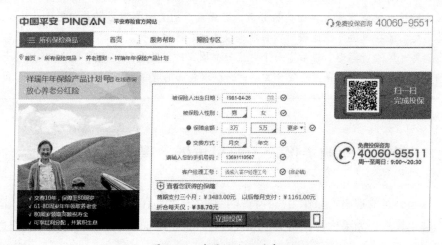

图6-10　购买保险理财产品

（3）测算保费，根据提示填写投保信息，再次确认投保信息并支付，如图6-11所示。

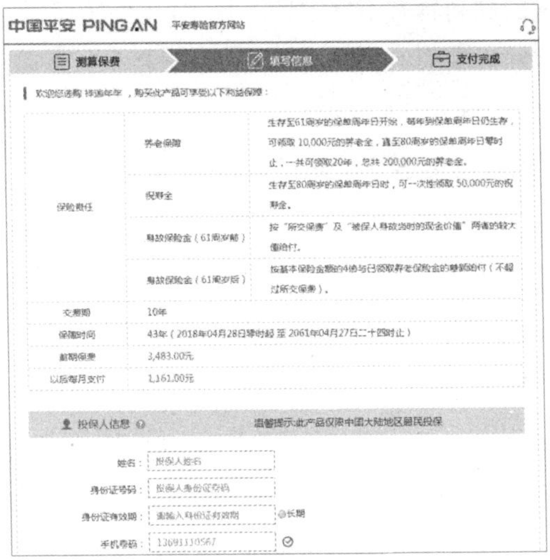

图 6-11　填写相关信息并付款

6.8　理财型保险的七大误区

理财型保险的关注度越来越高，然而，很多投资者并不了解其本质就轻易地投保了，导致收益与本金受损。理财型保险兼具投资理财与保险保障的双重功能，但是投资者如果单纯注重理财功能而忽视了保险的保障功能，就会对投资造成误解。因此，投资者在投资理财型保险时应该避免以下七大误区。

1. 误区一：理财型保险的收益有保证

理财型保险虽然也叫保险，但是在理财功能方面还是有风险的。理财型保险的收益取决于保险公司对资金的投资与经营状况。最低年化收益率只能保证最低收益，本金与收益都没有保证，购买投资连结保险的投资者需要自负盈亏。投资者在购买前应该认清理财型保险的风险，衡量自己的风险承受能力。

2. 误区二：理财型保险等于银行理财产品

有人认为理财型保险和银行发行的理财产品差不多，其实并不是这样，理财型保险一方面拥有规定的保障功能，另一方面其资金的灵活性是有一定限制的。因此，千万不能把理财型保险当作银行理财产品来买，因为不管收益如何，其还是属于保险，提前退保仍然会有较大的损失。

3. 误区三：分红保险等于银行存款

分红保险可分配的红利具有不确定性，并没有固定的比率，而分红水平的高低则取决于保险公司的经营成果。投资者切不可盲目把分红保险产品和其他保险产品或者金融产品混为一谈，或者片面比较。

4. 误区四：预期收益率等于实际收益率

一些投资者误认为预期收益率就是实际收益率，其实二者是有区别的。预期收益率指的是保险公司在目前的投资环境与风险预测中预计的收益率，并不是投资者实际获得的收益率；实际收益率还要看保险公司的资金管理能力与投资运营能力。

5. 误区五：万能保险一定没有风险

万能保险看起来很保险，其实这很容易误导消费者，作为理财型保险，万能保险与分红保险、投资连结保险一样，除保险的功能外，也有理财的功能，虽然有最低年化收益的保障，但风险还是有的，并不是"万能"的。

6. 误区六：投资连结保险适合所有人投资

投资连结保险最大的特点就是保险公司无法保证最低收益率，同时也不承诺任何形式的风险，并且由于投资连结保险具有一定的保险功能，所以短期退保很容易损失本金。因此，投资连结保险只适合风险承受能力较强、愿意冒险的投资者。

7. 误区七：找熟人购买保险一定稳赚

理财型保险是存在风险的，这和保险公司的经营状况有关，而和是不是从熟人手中购买没有关系。投资者在投保时，一定要选择大型保险公司及负责任的保险代理人。

第 7 章

大浪淘金：股票理财

股市震荡加剧，变幻莫测，但同时也提供了许多获利的机会，因此不少新股民开户，老股民重新关注，加大了投资力度。在这样的背景下，对于广大想进入股市淘金的新股民来说，寻求炒股最佳买卖点、学习炒股技巧，是快速获得更多利润的一大捷径。

7.1 股票的基础知识

股票是一种永不偿还的有价证券，股份公司不会对股票的持有者偿还本金。投资者购入股票后，无权向股份公司要求退股，股东的资金只能通过股票的转让来收回，将股票所代表的股东身份及其各种权益让渡给受让者，而其股价在转让时受到公司收益、公司前景、市场供求关系、经济形势等多种因素的影响。所以说，投资股票是有一定风险的。

7.1.1 股票术语解析

所谓股票术语，就是在股市用来表达各种量能关系的特殊语言。股票术语广泛流通于股票交易与市场分析中。进入股市要了解其通用术语，这样才能更好地掌握股票交易的规则。下面整理了一些基本的股票术语，如表7-1所示。

表7-1 股票术语

术语	说明
开盘价/收盘价	每天成交中最先/最后一笔成交的价格
成交数量	当天成交的股票数量
最高价/最低价	当天股票成交的不同价格中最高/最低的成交价格
高开/低开	开盘价比前一天收盘价高/低
盘档	投资者不积极买卖，多采取观望态度，使当天股价的变动幅度很小
整理	股价经过一段急剧上涨或下跌后，开始小幅度波动，进入稳定变动阶段
跳空	受强烈利多或利空消息的刺激，股价开始大幅度跳动
回档	股价上升过程中，因上涨过速而暂时回跌的现象
反弹	在下跌的行情中，股价有时由于下跌速度太快，受到买方支撑面暂时回升的现象
成交笔数	当天各种股票交易的次数
成交额	当天每种股票成交的价格总额
最后喊进价	当天收盘后，买者欲买进的价格
多头/空头	对股票后市看好，先行买进股票，等股价涨至某个价位时，卖出股票赚取差价的人/当股票已开始下跌时，预计还会继续下跌，趁高价时卖出的投资者
涨跌	以每天的收盘价与前一天的收盘价相比较，来决定股票价格是涨还是跌
票面价值	公司最初所定股票票面值
蓝筹股	资本雄厚、信誉优良的挂牌公司发行的股票
佣金	股票买卖交给交易所的手续费等，通常以成交金额的百分比计算
多头市场	也称牛市，就是股票价格普遍上涨的市场
空头市场	亦称熊市，即股价呈长期下降趋势的市场。在空头市场中，股价的变动情况是大跌小涨
利空	促使股价下跌，对空头有利的因素和消息
利好	刺激股价上涨，对多头有利的因素和消息
套牢	预期股价上涨，不料买进后，股价一路下跌；或是预期股价下跌，卖出股票后，股价却一路上涨。前者称多头套牢，后者称空头套牢
大户	大额投资人，如财团、信托公司及其他拥有庞大资金的集团或个人
散户	买卖股票数量很少的小额投资者
成长股	新添的有前途的产业中，利润增长率较高的企业股票。成长股的股价呈不断上涨趋势
浮动股	在市场上不断流通的股票
成交数量	可分两种。如果成交证券是公司债券或政府公债，那么其成交数量是指其全部金额；如果当天成交的股票，就是专指成交的数量，而非成交金额
行情	股票的价位或股价的走势
年度报告	公司一年一度向全体股东发布的正式财务报告
技术分析	以供求关系为基础对市场和股票进行的分析研究。技术分析人员研究价格动向、交易量、交易趋势和形式并制图表示上述诸因素，力图预测当地市场行为，对未来证券的供求关系和个人持有的证券可能发生的影响

7.1.2 股票的分类及购买股票的好处

股票投资是一种没有期限的长期投资。股票一经买入，只要股票发行公司存在，任何股票持有者都不能退股，即不能向股票发行公司要求抽回本金。同样，股票持有者的股东身份和股东权益就不能改变，但其可以通过股票交易市场将股票卖出，把股份转让给其他投资者，以收回自己原来的投资。在进行股票交易之前，投资者有必要了解一下股票的分类，以及购买股票的好处。

1. 股票的分类

在股票市场中，发行股票的公司根据不同投资者的投资需求，发行不同的股票。按照不同的标准，股票可分为如下几类。

（1）按股票持有者可分为国家股、法人股、个人股三种。

（2）按股东的权利可分为普通股、优先股及两者的混合等多种。普通股的收益完全依赖公司盈利的多少，因此风险较大，但享有优先认股、盈余分配、参与经营表决、股票自由转让等权利。优先股享有优先领取股息和优先得到清偿等优先权利，但股息是事先确定好的，不因公司盈利多少而变化，一般没有投票及表决权，而且公司有权在必要的时间收回。优先股还分为参与优先和非参与优先、积累与非积累、可转换与不可转换、可回收与不可回收等几大类。

（3）股票按票面形式可分为有面额、无面额及有记名、无记名四种。有面额股票在票面上标注出票面价值，一经上市，其面额往往没有多少实际意义；无面额股票仅标明其占资金总额的比例。我国上市的都是有面额股票。有记名股将股东姓名记入专门设置的股东名簿，转让时须办理过户手续；无记名股的股东名字不记入名簿，买卖后无须过户。

（4）按享受投票权益可分为单权、多权及无权三种。每张股票仅有一份表决权的股票称单权股票；每张股票享有多份表决权的股票称多权股票；没有表决权的股票称无权股票。

（5）按发行范围可分为 A 股、B 股、H 股和 F 股四种。A 股是在我国国内发行，供国内居民和单位用人民币购买的普通股票；B 股是专供境外投资者在境内以外币买卖的特种普通股票；H 股是我国境内注册的公司在我国香港发行并在香港联合交易所上市的普通股票；F 股是我国股份公司在海外发行上市流通的普通股票。

2. 购买股票的好处

任何一种投资工具都有其风险与报酬，当然，报酬率越高者，风险性也越高。购买股票与银行储蓄存款及购买债券相比，是一种高风险行为，但同时它也能给人们带来更大的收益。那么，购买股票能带来哪些好处呢？

由于现在人们投资股票的主要目的并非在于充当企业的股东，享有股东权利，所以购买股票的好处主要体现在以下几个方面：

（1）每年都有可能得到上市公司的回报，如分红利、送红股等。

（2）能够在股票市场上交易，获取买卖价差收益。

（3）能够在上市公司业绩增长、经营规模扩大时享有股本扩张收益。这主要是通过上市公司的送股、资本公积金转增股本、配股等来实现的。

（4）投资金额具有弹性，相对于房地产与期货来说，投资股票并不需要太多资金。由于股票价位多样化，投资者可选择自己财力足可负担的股票介入。

（5）变现性佳。若投资者急需用钱，通常都能在当天卖出股票，则下一个交易日便可以收到股款。与房地产相比较，股票变现性较佳。

> **小贴士**
>
> 目前中国股票市场上市公司越来越多，也出现了若干流动性不佳的股票，投资者在选择股票的时候，需多加注意。

（6）在通货膨胀时期，投资好的股票还能避免货币的贬值，有保值的作用。

7.1.3 股票的技术分析方法

股票的技术分析主要是根据过去的股价资料，尝试运用各项图形及量化指针，分析过去的趋势，并借以预测未来的走势。在学术界，技术分析学说并未被认可，因为根据学术理论，过去的股价资料并不能推测未来；但是在实务界，技术分析却得到广泛的运用。

股票的分析方法主要有三种：基本分析法、技术分析法、演化分析法。它们之间既相互联系，又有重要区别。相互联系之处主要表现在投资决策的具体应用层面——技术分析法要有基本分析法的支持，才能避免"缘木求鱼"，而技术分析法和基本分析法要纳入演化分析法的基本框架，才能提高其科学性、适用性、有效性和可靠性。

1. 基本分析法

基本分析法是以传统经济学理论为基础，以企业价值作为主要研究对象，通过对决定企业内在价值和影响股票价格的宏观经济形势、行业发展前景、企业经营状况等进行详尽分析，以大概测算上市公司的长期投资价值和安全边际，并与当前的股票价格进行比较，形成相应的投资建议。基本分析法认为股价波动轨迹不可能被准确预测，而只能在有足够安全边际的情况下买入股票并长期持有。

2. 技术分析法

技术分析法是以传统证券学理论为基础，以股票价格作为主要研究对象，以预测股价波动趋势为主要目的，从股价变化的历史图表入手，对股票市场波动规律进行分析的方法总和。技术分析法认为市场行为包容消化一切，股价波动可以定量分析和预测，如道氏理论、波浪理论、江恩理论等。

3. 演化分析法

演化分析法是以演化证券学理论为基础，将股市波动的生命运动属性作为主要研究对象，从股市的代谢性、趋利性、适应性、可塑性、应激性、变异性和节律性等方面入手，对市场波动方向与空间进行动态跟踪研究，为股票交易决策提供机会和风险评估的方法总和。演化分析法从股市波动的本质属性出发，认为股市波动的各种复杂因果关系或者现象，都可以从生命运动的基本原理中找到它们之间的逻辑关系及合理解释，并为股票交易决策提供令人信服的依据。

7.1.4 股票投资的风险

股票投资的风险具有明显的两重性，即它的存在是客观的、绝对的，又是主观的、相对的；它既是不可完全避免的，又是可以控制的。投资者对股票风险的控制就是针对风险的这两重性，运用一系列投资策略和技术手段把承受风险的成本降到最低。股票投资的风险可以分为系统性风险和非系统性风险。

1. 系统性风险

系统性风险又称市场风险，也称不可分散风险，是指由于某种因素的影响和变化，导致股市上所有股票价格下跌，从而给股票持有人带来损失的可能性。系统性风险主要是由政治、经济及社会环境等宏观因素造成的，投资者无法通过多样化的投资组合来化解的风险。系统性风险主要有以下几类。

（1）政策风险。经济政策和管理措施可能会造成股票收益的损失，这在新兴股市中表现得尤为突出。例如，财税政策的变化，可以影响到公司的利润；股市的交易政策变化，也可以直接影响到股票的价格。此外，还有一些看似无关的政策，如房改政策，也可能会影响到股票市场的资金供求关系。

（2）利率风险。在股票市场上，股票是按市场价格进行交易的，而不是按其票面价值进行交易。市场价格的变化也随时受市场利率水平的影响。当利率向上调整时，股票的相对投资价值将会下降，从而导致股价整体下滑。

（3）购买力风险。由物价的变化导致资金实际购买力的不确定性，称为购买力风险，或通货膨胀风险。一般理论认为，轻微通货膨胀会刺激投资需求的增长，从而带动股市的活跃；当通货膨胀超过一定比例时，由于未来的投资回报将大幅贬值，货币的购买力下降，也就是投资的实际收益下降，将有可能给投资者带来损失。

（4）市场风险。市场风险是股票投资活动中最普通、最常见的风险，是由股票价格的涨落直接引起的。尤其是在新兴市场上，造成股市波动的因素更为复杂，价格波动大，市场风险也大。

防范策略：系统性风险对股市影响面大，一般很难用市场行为来化解，但精明的投资者还是可以从公开的信息中，结合对国家宏观经济的理解，做到提前预测和防范，从而调整自己的投资策略。

2. 非系统性风险

非系统性风险一般是指对某一个股或某一类股票发生影响的不确定因素，如上市公司的经营管理、财务状况、市场销售、重大投资等因素，这些因素的变化都会对公司的股价产生影响。此类风险主要影响某一类股票，与市场上的其他股票没有直接联系。非系统性风险主要有以下几类。

（1）经营风险。经营风险主要指上市公司经营不景气，甚至失败、倒闭而给投资者带来损失的可能性。上市公司经营、生产和投资活动的变化，导致公司盈利的变动，从而造成投资者收益本金的减少或损失。例如，经济周期或商业营业周期的变化对上市公司收益的影响、竞争对手的变化对上市公司经营的影响、上市公司自身的管理和决策水平等都可能会导致经营风险，如投资者购买垃圾股或低价股（*ST）就可能承担上市公司退市的风险。

（2）财务风险。财务风险是指公司因筹措资金而产生的风险，即公司可能丧失偿债能力的风险。公司财务结构的不合理，往往会给公司造成财务风险。公司的财务风险主要表现为：无力偿还到期的债务、利率变动风险、再筹资风险。形成财务风险的主要因素有资本负债比率、资产与负债的期限、债务结构等因素。一般来说，公司的资本负债比率越高、债务结构越不合理，其财务风险越大。

（3）信用风险。信用风险也称违约风险，指不能按时向股票持有人支付本息而给投资者造成损失的可能性。此类风险主要针对债券投资品种,对于股票,只有在公司破产的情况下才会出现。造成违约风险的直接原因是公司财务状况不好,最严重的是公司破产。

(4)道德风险。道德风险主要指上市公司管理者的不道德行为给公司股东带来损失的可能性。上市公司的股东与管理者之间是一种委托代理关系,由于管理者与股东追求的目标不一定相同,尤其是在双方信息不对称的情况下,管理者的行为可能会损害股东的利益。

防范策略:对于非系统性风险,投资者应多学习证券知识,多了解、分析和研究宏观经济形势及上市公司经营状况,增强风险防范意识,掌握风险防范技巧,提高抵御风险的能力。

7.2 股票的开户与交易

股票开户指投资者在证券交易市场上买卖股票之前在证券公司开设证券账户和资金账户,并与银行建立储蓄等业务关系的过程。开立股票账户之后就要进行交易了,股票交易是指股票投资者之间按照市场价格对已发行上市的股票所进行的买卖。股票公开转让的场所首先是证券交易所。中国大陆目前仅有两家交易所,即上海证券交易所和深圳证券交易所。

7.2.1 股票开户

新股民要做的第一件事就是为自己开立一个股票账户(股东卡)。股票账户相当于一个"银行户头",投资者只有开立了股票账户,才可进行证券买卖。如要买卖在上海、深圳两地上市的股票,投资者需分别开设上海证券交易所股票账户和深证证券交易所股票账户,开设上海、深圳 A 股股票账户必须到证券登记公司或由其授权的开户代理点办理。股票开户的具体流程如图 7-1 所示。

图 7-1 是以前的开户流程图,当前随着互联网金融科技的不断进步,个人用户只需要一部带有摄像头的手机,以及个人名下的银行卡,即可在交易时间内在线完成开户,快则 5 分钟即可完成。

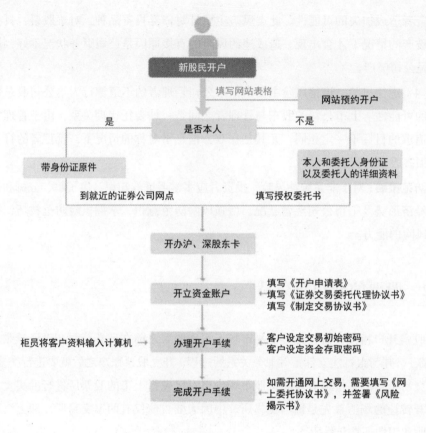

图 7-1 股票开户流程图

7.2.2 如何进行股票交易

在正规的证券公司开设一个账户后,工作人员会提供属于你的账户信息及相关操作说明。那么作为刚开户的新手,如何进行股票的买卖操作呢?

(1)下载股票软件,可以安装在电脑上,也可以安装在手机上(下面以电脑操作为例进行说明)。按照之前提供的账户,输入设置的密码及验证码,单击"登录"按钮,就可以进行操作了,如图 7-2 所示。

(2)需要往股票账户中充值,从而保证里面有资金才可以进行交易。进入系统后,选择"股票"→"银证业务"→"银证转账",在该界面选择转账方式为"银行转证券(转入)",输入密码和金额,再单击右下角的"转账"按钮即可,如图 7-3 所示。

图 7-2　登录界面

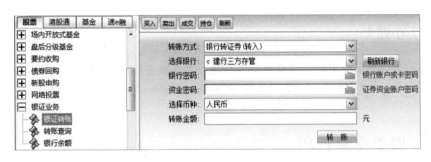

图 7-3　银证转账

（3）买入股票：选择"股票"→"买入"，会出现一个界面，只需要将相应的股票代码输入即可，再输入需要买进的数量，最少是 100 股，界面中间显示该股票的当前交易价格。系统会根据用户账户上的资金，匹配最大可买股数。最后单击"买入下单"按钮，这样我们手里就真正持有一只股票了，如图 7-4 所示。

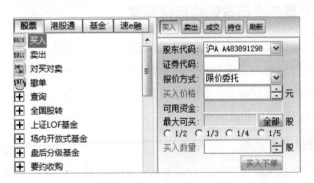

图 7-4　买入股票

（4）卖出股票：看到交易价格合适，我们可以将股票抛出，也就是卖出股票。选择"股票"→"卖出"，会出现一个界面，输入相应的股票代码，再输入需要卖出的股数（股数只能小于等于买入数量），最后单击"卖出下单"按钮即可，如图 7-5 所示。

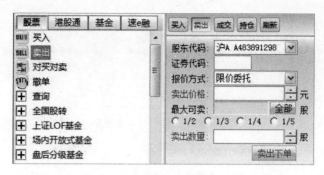

图 7-5 卖出股票

 小贴士

不同证券公司的股票软件也不一样，要根据实际情况予以操作。

7.3 股票交易技巧

股票市场中的交易就是一个买入和卖出的过程，而在这个过程中想要获得盈利，就必须要掌握其中的实战卖出点，这是投资者获利的关键。下面简单介绍一下股票交易中的常见技巧。

7.3.1 不同类型的投资者如何选择股票

由于证券市场的风险既有不可分散的风险，也有可分散的风险，所以投资者不应把所有的资金投资在一只股票或一个板块的股票上，而应选择风险相关程度较低的多种证券品种组成投资组合。根据投资组合中高风险股票所占比重，我们可将投资者分成激进型、稳健型和进取型。

1. 激进型投资者选股

若投资组合中高风险证券所占比重较大，则说明投资者的投资姿态是激进型的。激进型投资者的目标是尽量在最短的时间内使其投资组合的价值达到最大。因此，其投资对象主要是震荡幅度较大的股票。激进型投资者在选择股票时，通常都运用技术分析法，认真分析市场多空双方的对比关系、均衡状态等情况，而不太注意公司基本面的因素，并以此为依据做出预测，选择有上升空间的股票。一般而言，激进型投资者选择股票有如下几条标准可作为参考：

（1）以往表现较为活跃。

（2）最好有市场主力介入。

（3）有炒作题材配合。

（4）量价关系配合良好。

（5）技术指标发出较为明显的信号。

小贴士

激进型投资的优点是重视技术分析的运用，往往能在短期内取得较大的收益，缺点是忽略了基本分析，是一种不全面的分析方法，因此，预测结果通常不会很高，风险系数较大。

2. 稳健型投资者选股

如果投资组合中无风险或低风险的证券所占比重较大，那么投资者的投资姿态是稳健型的。稳健型投资者都很强调本期收入的稳定性和规则性，因此，通常都选择信用等级较高的债券和红利高且安全的股票。所以，稳健型投资者选股时应把安全性作为首要的参考指标，具体可注意以下几个方面：

（1）公司盈利能力较为稳定。

（2）股票市盈率较低。

（3）红利水平较高。

（4）股本较大，一般不会有市场主力光顾。

小贴士

为了兼顾本期收入的最大化，稳健型投资者可将股票、基金和债券融合在一起，共同组成投资组合。另外，证券投资基金作为一种由专家管理的金融工具，也不失为一种较好的投资对象。

3. 进取型投资者选股

进取型是介于激进型和稳健型之间的一种投资心态，通俗地讲，就是要在风险尽可能小的前提下，使利润达到最大化。其风险系数高于稳健型，低于激进型。进取型投资者在选择股票时，可以采用基本分析法，深入了解各公司的产品经营特点、需求状况、竞争地位及管理水平等情况，并以此对各公司的盈利和红利做出预测，从而根据各股票的内在价值与市场价格的对比，选择价格被低估的股票。进取型投资者选股时可参考以下几点进行分析：

（1）盈利和红利的增长潜力大。

（2）红利水平较低。

（3）预期收益率较高。

（4）盈利增长率较高。

小贴士

> 进取型投资最大的优点在于其基本分析，投资者通过对基本资料和国家政策进行分析，往往能预测出市场行情的变化。如果投资者预测经济将由危机转为复苏，就应加大高风险证券在投资组合中的比重，也就是说转成激进型投资者；若投资者预测经济将由繁荣走向衰退，则应提高低风险证券在投资组合中的比重，从而转为稳健型投资者。

7.3.2 如何把握股票买卖点

俗话说得好，没有不好的个股，只有不会买卖的投资者。可见买卖点的重要性。如果投资者能够掌握这些常见的特点，那么可以根据这些短线买卖点的盘面特征买入或卖出股票，实现利润的最大化。能把握好最佳买卖点的投资者才是真正的股市赢家。

1. 买进的时机

（1）股价已连续下跌3日以上，跌幅已经逐渐缩小，且成交量也缩到底，若突然变大且价涨，则表示有大户进场吃货，宜速买进。

（2）股价由跌势转为涨势初期，成交量逐渐放大，形成价涨量增，表示后市看好，宜速买进。

（3）市盈率降至20以下时（以年利率5%为准），表示股票的投资报酬率与存入银行的报酬率相同，可买进。

（4）个股以跌停开盘、涨停收盘时，表示主力拉抬力度极强，行情将大反转，应速买进。

（5）移动平均线下降之后，先呈走平势后开始上升，此时股价向上攀升，突破移动平均线便是买进时机。

（6）短期移动平均线（3日）向上移动，长期移动平均线（6日）向下移动，二者形成黄金交叉时为买进时机。

（7）股价在底部盘整一段时间后，若连续两天出现大长红或 3 天小红或十字线或下影线，则代表止跌回升。

（8）股价在低档 K 图出现向上 N 字形的股价走势及 W 字形的股价走势便是买进时机。

（9）股价由高档大幅下跌一般分三波段下跌，止跌回升时便是买进时机。

（10）股价在箱形盘整一段时日，有突发利多向上涨，突破盘局时便是买点。

2. 盘中买点的选择

（1）开高走高，回档不破开盘价时买进（回档可挂内盘价买进），等第二波高点突破第一波高点时加码跟进（买外盘价）或少量抢进（用涨停价去抢，买到为止），此时第二波可能直上涨停再回档，第三波就冲上更高价。

（2）开低走高，等翻红（由跌变涨）超过涨幅 1/2 时，代表多头主力介入，此时回档多半不会再翻周，若见下不去，即可以昨日收盘价附近挂内盘价买进。

◆ **理财案例**

老王是一个老股民了，其买股技巧是分析国家政策，如果有利好消息出台，必关注相关题材股票，抓准时机，利润颇丰。2017 年 4 月 1 日，中共中央、国务院决定设立国家级新区——雄安新区。各家媒体解读层出不穷，老王注意到，作为国家级开发计划，雄安新区是继深圳经济特区和上海浦东新区之后又一具有全国意义的新区，是千年大计、国家大事，与其相关联的股票肯定要受到影响，带来一波行情。于是，老王毫不犹豫地买入与雄安新区相关的股票——冀东水泥，在老王第一时间买入之后，冀东水泥连续涨停，老王乐开了花。

案例启示

每当国家新政出台时，相关受益个股都会走出一波上升行情，甚至会以涨停板的方式回应政策利好。如果政府出台新的扶持政策，重点向能源、交通、基础设施投资，则这类产业的上市公司的股票价格就会受到影响。因此，每个投资者应了解时政实施的针对重点。股价发生反转的时点，通常在政府的时政还未发表前，或者是在时政公布之后的初始阶段。因此，投资者对国家新出台的政策也必须给予密切的关注，关心新出台的政策变动的各个阶段，适时做出买入和卖出的决策。

投资者如果以时政热点为标准选择涨停目标股，则应该重点考虑以下几点：

第一，该股票所属的上市公司是否属于国家新出台经济政策所重点扶持的行业领域。一般情况下，每当国家出台新的经济政策时，相关个股都会迎来一波上涨行情，进而相关受益个股就具备了涨停的潜力。

第二，注意影响时政热点发展进程的敏感时间窗口。影响时政热点发展进程的敏感时间窗口往往会对相关个股的股价产生催化作用，投资者应密切注意国家召开的相关时政会议、论坛等，把握有利时机追击个股的涨停板。

第三，挑选直接受益或走势最强的个股。直接受益或走势最强的个股股价对时政热点的反应往往要更加灵敏，上涨幅度也更大，这些股票出现涨停的概率也会增加。投资者应把更多的精力放在这些个股上，这样才更容易实现涨停收益。

3. 卖出时机

（1）在高价位连续三日出现巨量长黑，代表大盘将反多为空，可先卖出手中持股。

（2）在高档出现连续3～6日小红或小黑或十字线及上影线，代表高档向上再追价意愿已不足，久盘必跌。

（3）在高档出现倒N字形的股价走势及倒W字形（W头）的股价走势，则代表大盘将反转下跌。

（4）股价暴涨后无法再创新高，虽有2～3次涨跌，但大盘仍有下跌的可能。

（5）股价跌破底价支撑之后，若股价连续数日跌破上升趋势线，则表示股价将继续下跌。

（6）波段理论分析，股价自低档开始大幅上涨，比如第一波股价指数由2 500点上涨至3 000点，第二波由3 000点上涨至4 000点，第三波主升段4 000点直奔5 000点，短期目标已达成，若至5 000点后涨不上去，无法再创新高，则可卖出手中持股。

小贴士

以上简单介绍了几种常见的股票买卖方法，在操作股票的时候，首先要对所操作股票进行完善的分析，如趋势、价格、时间。综合判定后，才能确定持股周期，以及基本的价格空间，从而对后市的操作更加有把握。然后再配上上面所说的这几种常见的买卖方法，就可以更好地把握市场走势，从而更准确地把握买卖时机，不至于在高位不能减持，在低位止损出局。在市场获利的情况下，投资者还应该学会如何保护已经获得的利润，同样在进行买入操作时，也要有策略地进行市场操作。

第 8 章

把握机遇：基金理财

基金理财是百姓理财简单易行的方式之一，其投资门槛不高，一般1 000元就能投资基金；基金用集合理财的方式，让投资者手中的"小钱"变成基金的"大钱"，能够在证券市场进行组合投资，分散了投资风险；基金是委托专业人士投资，比投资者自己直接投资省时、省力；基金有严格的监管和信息披露制度，使得基金投资更加规范、透明。

8.1 基金的基础知识

基金是一种适合大众投资的工具，投资基金不需要有较深的专业知识和丰富的操作经验，所以对于不是很擅长投资的人来说，是一个不错的选择。

8.1.1 基金投资与基金分类

基金投资是一种间接的证券投资方式。基金管理公司通过发行基金份额，集中投资者的资金，由基金托管人（具有资格的银行）托管，由基金管理人管理和运用资金，从事股票、债券等金融工具投资，然后共担投资风险、分享收益。通俗地说，证券投资基金是通过汇集众多投资者的资金，交给银行保管，由基金管理公司负责投资于股票和债券等证券，以实现保值、增值目的的一种投资工具。

根据不同标准，可以将证券投资基金划分为不同的种类，具体分类如下。

（1）按照规模是否可以变动及交易方式，可以分为封闭式基金和开放式基金。开放式基金在国外又称共同基金，它和封闭式基金共同构成了基金的两种基本运作方式。封闭式基金有固定的存续期，期间基金规模固定，一般在证券交易场所上市交易，投资者通过二级市场买卖基金单位。而开放式基金是指基金规模不固定，基金单位可随时向投资者出售，也可应投资者要求买回的运作方式。

（2）按照投资对象的不同，可以分为股票基金、债券基金、货币市场基金、衍生证券基金四类。股票基金以上市交易的股票为主要投资对象；债券基金以国债、企业债等固定收益类证券为主要投资对象；货币市场基金以短期国债、银行票据、商业票据等货币市场工具为主要投资对象；衍生证券基金以期货、期权等金融衍生证券为主要投资对象。

（3）按照投资方式的不同，可以分为积极投资型基金和消极投资型基金。积极投资型基金积极投资，以获取超越业绩基准的超额收益为目标；消极投资型基金又称为指数基金，是指被动跟踪某一市场指数，以获取一个市场平均收益为目标。

（4）在股票基金中，按照投资对象的规模，又可以分为大盘股基金、中盘股基金、小盘股基金。对于这三类基金的分类，在不同的市场有不同的分类标准。

8.1.2 为什么要购买基金

对投资者而言，购买基金就是间接地去购买股票、债券等各类证券品种，最终通过它们来获得收益。

1. 购买基金的好处

（1）基金公司有较完善的专业投研团队，其选股、选债等能力更强。把钱交给专家理财，解决了投资者在时间和专业知识方面存在的不足。

（2）基金作为机构投资者，它能购买到普通个人投资者不能购买到的一些证券品种（主要是一级市场的品种）。比如，国债市场按功能分为一级市场和二级市场两类，一级市场是发行国债的市场，二级市场则为国债的转让市场。一般而言，个人投资者只能在二级市场上进行投资，而不得参与一级市场的发行行为；而机构投资者则既可以在二级市场上交易，也可以在一级市场上通过承销、包销，获得比较丰厚的利润。

（3）基金可分散投资于不同的股票、债券、货币等金融工具，可规避个别证券的风险。

（4）基金投资是一种比较好的理财方式，也可以说是懒人理财方式，把钱交给基金公司的专家打理，以达到轻松投资、事半功倍的效果。

2. 基金适合的群体

（1）希望获得比存款更高的收益、跑赢通货膨胀的普通人。

（2）没时间经常关注市场或者不愿承担股市高风险的职场人士。

（3）缺乏专业投资知识，掌握不了买入、卖出的时间点的人士。

（4）每个月可用来投资的钱不多，除了放在银行，没有更好的投资方式的人士。

> **小贴士**
>
> 不同的基金类型适合不同的投资者，因为每个人的风险承受能力各不相同，如对于偏保守的新手来说，可以购买极低风险的货币型基金。

8.1.3 购买基金的风险

基金投资绝不是只赚不赔，必然会在某个时期内出现一定的亏损，这是无法阻止的事。因此，投者应该具有风险意识。在基金投资前先问一下自己"允许亏多少"，这一点非常重要。要了解自己的风险承受能力，也就是亏损多少不至于使生活受到影响，不至于精神沮丧而影响健康。在买进基金前，要认真地作风险测评，确定自己是积极型、平衡型还是稳健型、保守型，据此选择基金品种。基金的风险包括系统性风险与非系统性风险。

1. 系统性风险

系统性风险是由基本经济因素的不确定性引起的，因而对系统性风险的识别就是对国家一定时期内宏观的经济状况做出判断。

系统性风险是指对整个股票市场或绝大多数股票普遍产生不利影响，由于公司外部、不为公司所预计和控制的因素造成的风险。系统性风险也称为整体性风险或宏观风险。整体风险造成的后果带有普遍性，其主要特征是所有股票均下跌，不可能通过购买其他股票保值。在这种情况下，投资者都要遭受很大的损失。

2. 非系统性风险

非系统性风险是指由于某种因素对某些股票造成损失的不利因素，包括上市公司摘牌风险、流动性风险、财务风险、信用风险、经营管理风险等,如上市公司管理能力的降低,产品产量、质量的下滑,市场份额的减少,技术装备和工艺水平的老化,原材料价格的提高及个别上市公司发生了不可测的天灾人祸等,导致某种或几种股票价格的下跌。这类风险的主要特征:一是对股票市场的一部分股票产生局部影响,二是投资者可以通过转换购买其他股票来弥补损失。由股份公司自身某种原因而引起证券价格的下跌的可能性,只存在于相对独立的范围,或者是个别行业中,它来自企业内部的微观因素。这种风险产生于某一证券或某一行业的独特事件,如破产、违约等,与整个证券市场不发生系统性的联系,这是总的投资风险中除系统风险外的偶发性风险,或称残余风险。

小贴士

系统性风险不可以消除,但非系统性风险可以通过投资的多样化来化解,可以通过制定证券投资组合将这种风险分散或转移。

8.2 如何申购基金

对中小投资者来说,存款收益率较低;投资于股票有可能获得较高收益,但风险较大。基金作为一种投资工具,把众多投资者的小额资金汇集起来进行组合投资,由专家来管理和运作,经营稳定,收益可观,可以说是专门为中小投资者设计的间接投资工具。

目前基金销售的渠道比较多,包括基金公司、银行、第三方基金代销网站。其中,银行费率较高,基金公司的基金少,所以笔者个人较为推荐第三方基金代销网站,其代销的基金全面,费率也低。目前主流的基金代销网站有天相投顾的基金猫、基金买卖网、天天基金等,这些都是不错的基金交易平台。确定基金交易平台后,下面我们来看购买基金的基本流程。

1. 开户

目前可以去三个地方办理基金开户。

(1)银行/网银:带身份证去银行办理,可以通过柜台或网上银行购买这个银行代销的所有基金。

(2)代销机构:在第三方代销网站注册账号,然后绑定银行卡,即可购买市场上大部分的基金。

（3）基金公司：具有局限性，一个基金公司只能开一个账户，只可以购买这个基金公司旗下的所有基金。

2. 购买流程（以建行网上银行购买为例）

（1）登录建行网上银行，选择"投资理财"→"基金超市"，如图8-1所示。

图8-1 选择"基金超市"

（2）进入"基金超市"页面，在此可以选择用户需要购买的基金。选择完毕后，单击"购买"按钮，如图8-2所示。

图8-2 选择购买的基金

（3）在"购买"界面输入需要购买的基金数量，确定之后即申购成功。

 小贴士

一般申购时间为 1～2 天，节假日顺延。

8.3 购买基金的 7 个技巧

很多理财小白问，买基金一定会赚钱吗？不会亏本吗？笔者想告诉你的是，不管哪种投资，都会有风险。购买基金，是投资，而不是投机。不要想着今天买，明天赚钱就卖。购买基金的钱，一定要是闲钱，不着急用的钱。大涨时，不要着急卖；下跌时，不要恐惧。总之，要有良好的心态。购买基金时不要盲目操作，一定要掌握好规律，如下笔者总结了几个购买基金的技巧。

1. 不能贪便宜

很多投资者在购买基金时会选择价格较低的基金，这是一种错误的做法。例如，A 基金和 B 基金同时成立并运作，一年以后，A 基金单位净值达到了 2.00 元/份，而 B 基金单位净值却只有 1.20 元/份。按此收益率，再过一年，A 基金单位净值将达到 4.00 元/份，而 B 基金单位净值只能是 1.44 元/份。如果你在第一年时贪便宜买了 B 基金，那么收益就会比购买 A 基金少很多。所以，在购买基金时，一定要看基金的收益率，而不是看价格的高低。

2. 确认风险，选择适合自己风险承受能力的品种

现在发行的基金多是开放式的股票型基金，这是现今我国基金业风险最高的基金品种。部分投资者认为股市正经历着大牛市，许多基金是通过各大银行发行的，所以绝对不会有风险。但他们不知道基金只是专家代你投资理财，他们要拿你的钱去购买有价证券，和任何投资一样，也是具有一定风险的，并且这种风险永远不会完全消失。如果你没有足够的承担风险的能力，就应购买偏债型或债券型基金，甚至是货币市场基金。

3. 新基金不一定是最好的

在国外成熟的基金市场中，新发行的基金必须有自己的特点，否则很难吸引投资者的眼球。但我国不少投资者只购买新发行的基金，以为只有新发行的基金是以 1 元面值发行的，是最便宜的。其实，从现实角度看，除一些具有鲜明特点的新基

金外，老基金比新基金更具有优势。首先，老基金有过往业绩可以用来衡量基金管理人的管理水平，而新基金业绩的考量则具有很大的不确定性；其次，新基金均要在半年内完成建仓任务，有的建仓时间更短，如此短的时间内，要把大量的资金投入到规模有限的股票市场，必然会购买老基金已经建仓的股票，为老基金抬轿；再次，新基金在建仓时还要缴纳印花税和手续费，而建完仓的老基金坐等收益就没有这部分费用；最后，老基金还有一些按发行价配售锁定的股票，将来上市就是一部分稳定的收益，且老基金的研究团队一般也比新基金成熟。所以，购买基金时应首选老基金。

4. 不要只盯着开放式基金，也要关注封闭式基金

开放式与封闭式是基金的两种不同形式，在运作中各有所长。开放式基金可以按净值随时赎回，而封闭式基金由于没有赎回压力，使其资金利用效率远高于开放式基金。

5. 分红次数多的基金并不一定是最好的

有的基金为了迎合投资者快速赚钱的心理，封闭期一过就马上分红，这种做法就是把投资者左兜的钱掏出来放到了右兜里，没有任何实际意义。与其这样把精力放在迎合投资者上，还不如把精力放在市场研究和基金管理上。投资大师巴菲特管理的基金一般是不分红的，他认为自己的投资能力要在其他投资者之上，钱放到他的手里增值的速度更快。所以，投资者在进行基金选择时一定要看净值增长率，而不是分红多少。

6. 谨慎购买拆分基金

有些基金经理为了迎合投资者购买便宜基金的需求，把运作一段时间后业绩较好的基金进行拆分，使其净值归一，这种基金多是为了扩大自己的规模。试想在基金归一前要卖出其持有的部分股票，扩大规模后又要买进大量的股票，不说多交了多少买卖股票的手续费，单是扩大规模后的匆忙买进，就有一定的风险性。事实上，采取这种营销方式的基金业绩多不如意。

7. 投资基金要放长线

购买基金就是承认专家的理财能力要胜过自己，所以不要像炒股票一样去炒基金，甚至赚个差价就赎回，我们要相信基金经理对市场的判断能力。

第9章

稳中求胜：贵金属理财

随着通货膨胀威胁的加剧，全球经济形势的动荡，具有避险保值功能的贵金属投资需求呈现出爆发式的增长趋势。由于贵金属的变现性和保值性很高，所以可以抵御通货膨胀带来的币值变动和物价上涨。

9.1 贵金属投资

提起贵金属，我们就会想起生活中大家佩戴的金银首饰。作为一种贵金属，它为我们的生活带来了更多美丽的点缀。贵金属因为稀缺性也具有投资理财的功能，现在贵金属投资理财也是大众的主要理财方式之一。尤其是黄金，还是各国央行的银行储备，更增加了投资的可靠性。

9.1.1 贵金属的投资种类

当人们的投资需求趋于多样化时，贵金属投资在投资市场中逐渐占据了重要地位，成为深受广大投资者青睐的交易产品。那么，贵金属投资究竟是什么？有哪些种类呢？我们一起来看下面的详细内容。

所谓贵金属投资，主要包括实物投资、带杠杆的电子盘交易投资及银行类的纸黄金、纸白银。其中，实物投资是指投资者在对贵金属市场看好的情况下，低买高卖，赚取价差利润的过程；或者是指投资者在不看好经济前景的情况下，所采取的一种避险手段，以实现资产的保值。而电子盘交易指的是投资者根据黄金、白银等贵金属市场价格的波动变化，确定买入或卖出，从中获利的过程。这种交易通常存在杠杆作用，投资者可以利用较小的成本换取更大的收益。

目前，可以用于投资的贵金属种类比较多，均为贵金属的金融衍生品，常见的种类有：黄金/白银现货、伦敦金/银、黄金/白银T+D、黄金期货、纸黄金/白银、钯金、铂金等。

> **小贴士**
>
> 由于贵金属投资种类多样，各自的交易方式也就存在一定的差异，投资者选择贵金属投资品种时，需要根据个人财务状况、交易风格、操作水平等，从中挑选适合自己的品种。

9.1.2 贵金属投资的优势与风险

就目前的理财数据而言，做贵金属投资比做其他投资收益更好，但也存在一定的风险。

1. 贵金属投资的优势

因为贵金属操作空间更大，所以十分受投资者的青睐，其投资优势如下。

（1）安全性。贵金属的价值是自身所固有的和内在的，并且有千年不朽的稳定性，所以无论天灾人祸，贵金属的价值永恒。

（2）变现性。贵金属是与货币密切相关的金融资产，因此很容易变现。并且，由于贵金属市场是24小时交易的市场，所以贵金属随时可以变钞票。

（3）抗通胀。贵金属的价值是自身固有的，当纸币由于信用危机而出现波动贬值时，贵金属就会根据货币贬值比率自动向上调整，这样便成为人们投资规避风险的一种手段，也是贵金属投资的又一主要价值所在。

（4）交易门槛低。人民币品种的起点交易量为1克，美元品种的起点交易单位为1盎司。

（5）品种丰富。可以人民币或美元计价，品种涵盖各种贵金属品种，包括黄金、白银、铂金和钯金等。

（6）规则简单。仅涉及简单的买入、卖出、委托等概念，易于理解，贵金属交易平台容易被普通客户接受。

2. 贵金属投资的风险

每一个投资产品都存在一定的投资风险，有一些投资风险是共有的，有一些投资风险是特有的。在贵金属投资中，因为贵金属投资的价值是稳定且升值的，所以很容易产生巨大的盈利。但是贵金属投资市场也是有一定风险的，对于风险，若是控制不好，则很容易失去以后的盈利，甚至产生额外的亏损。

（1）技术风险。贵金属投资除实物黄金、白银外，多数是通过电子盘交易实现的。电子通信技术及互联网技术的发展都会对贵金属市场造成行情波动，如黑客病毒的攻击、交易平台系统的稳定性等都是其中的技术风险。

（2）交易风险。除投资者的操作因素外，投资者下市价单，一经确认便不可再撤销，从而必须接受此种报单方式有可能带来的风险。

（3）政策风险。由于贵金属行业受国家监管，国家的相关法律、法规、政策及规章制度的变化、出台都会对市场造成影响，造成贵金属价格的波动。其中政策风险影响巨大，是国家对贵金属行业的规范。

（4）市场风险。贵金属作为一类有投资价值的商品，价格受到经济形势、美元汇率、政治风险、原油价格等多种因素的影响。所以，经常会造成投资者在实际操作中难以全面掌控市场行情，从而造成投资误判，可能遭受经济损失。

（5）不可抗力风险。天灾人祸时有发生，地震、水灾、火灾等无法预测和防范的不可抗力因素都会对投资者交易产生影响，所以投资者要做好心理准备，充分了解并承担此造成的全部损失。

9.1.3　影响贵金属价格的因素

贵金属作为一种特殊的具有投资价值的商品，其价格受到多种因素的影响。投资者除要学习贵金属投资技术分析指标外，了解影响其价格走势的基本面也是很有必要的，这样才能更有效地控制风险。影响贵金属价格的主要因素如下。

（1）供求关系。在市场主导下的经济形式，供求是影响贵金属价格变动的重要因素之一。当供大于求时，价格下降；当供不应求时，价格上升。

（2）国际政治局势。经济基础决定上层建筑，任何一次战争或政治局势的动荡都会促使贵金属价格发生改变。

（3）通货膨胀。一个国家货币的购买能力，是基于物价指数而决定的。当一国的物价稳定时，其货币的购买能力就越稳定。相反，通胀率越高，货币的购买力就越弱，人们就会对这种货币失去信心。而贵金属中的黄金兼具避险、保值及对抗通胀风险的功能，若投资者都采购黄金，就会推动黄金价格上涨。此外，西方主要国家，尤其是美国的通胀率最容易影响黄金价格的变动。

（4）大宗商品。比如原油，原油是国际大宗商品市场上很重要的大宗商品之一，当原油的价格持续高涨的时候，通常也会伴随着一定程度的通货膨胀，这时投资者就会考虑买入黄金、白银这样的贵金属来规避风险，因此就会在一定程度上推动贵金属价格的上升。黄金和原油价格的波动大多时候都呈现正向联动关系，作为重要能源，原油价格的波动在一定程度上影响着世界经济的增长和衰退，间接地影响了贵金属的价格。所以，贵金属和原油虽然没有严格的数字比例关系，但是它们的波动方向和趋势往往是相同的。

（5）美元。美元在国际金融体系中占有重要地位，因此美元的弱势有利于贵金属价格的上涨。

9.2 贵金属的投资技巧

如今，我们已经从短缺时代过渡到了投资时代，如何进行投资理财，如何做贵金属投资，如何把手里的钱进行安排，让生活理财和投资理财实现双赢，已经成为很多人关注的问题。本节以黄金投资为例介绍贵金属的投资技巧，由于带杠杆的贵金属投资风险太大，不适合普通投资者介入，所以本节只介绍适合普通投资者的实物黄金和银行推出的纸黄金投资。

9.2.1 实物黄金投资

实物黄金一般有金条、首饰、金币等。其中，首饰保值、升值的空间相对较小，且变现成本比较高；相对来说，金条、金币等更适合做投资，投资者可以到银行去购买。这种投资方式适合大众群体。

1. 投资金条（同渠购售）

投资金条是指银行可以回购的金条。但是，银行只对本行发行的金条实施回购，而且一般都会有手续费。金条还存在一定的交割、检验成本，存储、运输成本，以及购买时的手续费。因此，投资者要想尽量减少赎购差价损失，最好在同一个渠道购买和套现。

小贴士

对于短线投资者来说，购买金条并非投资的最佳选择。但是作为家庭资产配置中的一环，金条的价格与裸金的价格最接近，"压箱底"还是非常不错的。

2. 投资金币（适合收藏）

金币有两种，即纯金币和纪念性金币。纯金币的价值基本与黄金含量一致，价格也基本随国际金价波动。由于纯金币与黄金价格基本保持一致，其出售时溢价幅度不高，投资增值功能不大，但其具有美观、鉴赏、流通变现能力强和保值功能，所以仍对一些收藏者有吸引力。纪念性金币一般是流通性金币，都标有面值，比纯金币流通性更强，不需要按黄金含量换算兑现。

小贴士

纯金币主要为满足集币爱好者收藏，纪念性金币由于溢价幅度较大，具有比较大的增值潜力，其收藏投资价值要远大于纯金币。

3. 投资黄金饰品（家庭收藏）

一般来说，黄金饰品的定价方式分为"一口价"和"黄金基准价＋工费"。前者是在基础金价的基础上，叠加一定金额的工艺加工费；而后者工费占比相对较低，更多地反映黄金本身的价值。首饰加工越精细，工艺费就越贵，回购时反而损失越大，因为在黄金回购时手工费、设计费等费用不会被考虑在内。据了解，市面上很多著名金店都回购黄金首饰，不过都只能按照基础金价计算，再扣除一些手续费。

小贴士

从纯投资角度而言，黄金首饰并不适合做投资工具，而适合家庭收藏。而且与钻石等饰品相比，普通家庭买金饰保值性更好。

4. 黄金定投（适宜定投）

黄金定投也叫黄金积存，类似银行存款的零存整取，即每月以固定的资金，按照上海黄金交易所 AU9999 的收盘价购买黄金。合同到期时，客户积累的黄金克数可以按照金价兑换成现金，或者相应克数的金条、金首饰。目前很多银行都有黄金定投业务。

> **小贴士**
>
> 黄金定投是最近几年比较兴旺的黄金投资模式，适合长期看好金价又没有时间做波段的普通投资者。值得注意的是，各家银行黄金定投业务均不一样，投资者要注意投资门槛和费率问题。

9.2.2 纸黄金投资

纸黄金是虚拟黄金，其价格定位是根据某一品种的黄金，兑换为人民币的价格。纸黄金交易的实质是一种虚拟交易，可以看成黄金市场交易的一种衍生交易。投资者的买卖交易记录只在个人预先开立的"黄金存折账户"上体现，而不涉及实物黄金的提取。纸黄金的盈利模式是通过低买高卖，来获取差价利润。纸黄金实际上是通过投机交易获利，而不是对黄金实物投资。

国内市场主要有建行、工行和中行的纸黄金。纸黄金的类型除常见的黄金储蓄存单、黄金交收定单、黄金汇票、大面额黄金可转让存单外，还包括黄金债券、黄金账户存折、黄金仓储单、黄金提货单、黄金现货交易中当天尚未交收的成交单，还有国际货币基金组织的特别提款权等。

1. 纸黄金的特点

（1）其为记账式黄金，不仅为投资者省去了存储成本，也为投资者的变现提供了便利。投资真金购买之后需要操心存储；需要变现之时，又有鉴别是否为真金的成本。而纸黄金采用记账方式，用国际金价及由此换算来的人民币标价，省去了投资真金的不便。

（2）纸黄金与国际金价挂钩，采取 24 小时不间断交易模式。国内夜晚，正好对应着欧美的白日，即黄金价格波动最大之时，为上班族的理财提供了充沛的时间。

（3）纸黄金提供了美元金和人民币金两种交易模式，为外币和人民币的理财都提供了相应的机会。同时，纸黄金采用 T+0 的交割方式，当时购买，当时到账，便于做日内交易，比国内股票市场多了更多的短线操作机会。

2. 纸黄金交易流程

1）选择一个合适的交易平台

在纸黄金交易中，交易平台是否可靠，直接关系到交易资金风险的大小。有专门的贵金属交易平台公司，但是一般选择银行作为交易平台会让人放心一些。现在很多银行都开通了这项业务，如工行、建行、农行、招行等。选定一家银行开立银行储蓄卡，当然如果有现成的银行卡，就直接可以使用。

2）开通贵金属交易账户

投资者需要去银行柜台开通贵金属交易账户。其实大部分银行都支持网上银行和手机银行开通贵金属交易账户，这样更方便，不用跑银行了。

3）准备交易资金

转适量的资金到贵金属交易账户上，具体转多少钱，视自身具体情况而定。一般初期学习阶段，不主张转过多的资金，等操作熟练了，确确实实能赚到钱，再增加资金量。

4）做好投资心理准备

首先，投资者要清楚，凡是投资都是有风险的，收益越大的项目，往往风险也就越大。要赚钱，必须要先做好亏钱的心理准备。否则，一旦方向出现偏差，出现账面亏损，投资者就会心理压力过大，进行冲动操作。

其次，要科学分配资金使用比例。简单地说就是要分散风险，不要把鸡蛋放在一个篮子里。

最后，不要急躁，"心急吃不了热豆腐"。

5）学习交易操作流程

① 多单交易做多，先买进后卖出。

- 买进交易：又叫建仓。当行情到了底部，研判大势会有向上趋势时，择低价位买进纸黄金相应的克数。可以有即时交易和挂单交易两个选项：即时交易，则是取当时的价格立即成交；挂单交易，则是取你所期望的价格成交。当然，前提是你的期望值能够达到，否则会错失一些成交机会。
- 卖出交易：又叫平仓。当行情到了顶部，研判大势会有向下趋势时，择高价位卖出纸黄金相应的克数。可以有即时交易和挂单交易两个选项：即时交易，则是取当时的价格立即成交；挂单交易，则是取你所期望的价格成交。当然，前提是你的期望值能够达到，否则会错失一些成交机会。平仓，一般是获利了结或者割肉止损。

② 空单交易做空，先卖出后买进，与做多操作相反，且须先将资金转移到保证金账户。

- 卖出交易：又叫空军建仓。当行情到了顶部，研判大势会有向下趋势时，择高价位卖出纸黄金相应的克数（保证金账户资金作相应减扣）。可以有即时交易和挂单交易两个选项：即时交易，则是取当时的价格立即成交；挂单交易，则是取你所期望的价格成交。当然，前提是你的期望值能够达到，否则会错失一些成交机会。
- 买进交易：又叫平仓。当行情到了底部，研判大势会有向上趋势时，择低价位卖出纸黄金相应的克数。可以有即时交易和挂单交易两个选项：即时交易，则是取当时的价格立即成交；挂单交易，则是取你所期望的价格成交。当然，前提是你的期望值能够达到，否则会错失一些成交机会。平仓，一般是获利了结或者割肉止损。

◆ **理财案例**

小白是某大型商业连锁机构的管理人员，年薪将近30万元，生活水平还不错，家里也给买了房产，除去生活开支，每月能攒下2万余元。随着物价水平的不断提高，把钱存在银行虽然有一些利息，但是与通货膨胀水平相比，其实钱是不断在贬值的。小白已经认识到其中的问题了，他觉得不能把钱存在银行，而是应该做一些投资理财。小白的朋友是银行的理财顾问，于是推荐小白可以考虑纸黄金投资，相比实物黄金投资，可以省去不少手续费，而且操作方便、随买随卖、风险可控。在银行工作的朋友给小白提供了消息说"美联储有可能要降息"，让其买入纸黄金，黄金有可能要有一波上涨行情。于是小白投资20万元买入了纸黄金，美国降息消息一出来，黄金真的来了一波上涨行情，小白在短短一个星期的时间内，就获得了5%的收益。

案例启示

很多消息都会对黄金的价格产生影响，作为投资者，应该时时刻刻关注相关的政策行情，从而果断进行操作。案例中的小白就是利用了美联储降息的政策消息，从中获益。若美联储降息，就会造成美元贬值，资金从美元资本市场流出，流向其他市场，包括黄金、白银市场，从而使黄金、白银价格上涨。

降息就是银行利用利率调整，来改变现金流动。降息会减少银行存款的收益，导致资金从银行流出，成为投资或消费。资金流动性的增加推动了企业贷款扩大再生产，鼓励消费者以贷款方式购买大件商品，一定程度上鼓励金融炒家借钱炒作促进股市繁荣，导致这个国家货币贬值，促进出口，减少进口，最终可能导致推动通货膨胀，使经济逐渐过热。

9.2.3 黄金实战交易技巧

做任何投资，掌握交易技巧是关键。有些投资者虽对技术分析十分在行，但却往往在交易过程中沉不住气，从而使盈利极少，甚至是出现大幅亏损。下面我们汇总了几个黄金实战交易技巧，供大家参考。

1. 合理控制仓位

一般情况下，投资者需保证自己的投资仓位在投资总金额的 1/3 以下。炒黄金投资者的仓位越低，越有把握应对投资中的风险，实际承担的风险也越低。因而，炒黄金投资者在交易前，需根据自己的投资资金状况来制定合理的仓位比例，为自己的投资增加抗风险能力。

2. 顺势而为

炒黄金时，切忌逆势行事。在炒黄金实战交易技巧中，当黄金价格行情处于上升趋势时，任何一个价位买入都是能够盈利的，除非在该波行情的最高点买入；而在金价处于下跌趋势时，在任何一个价位卖出也同样是盈利的，除非是在该轮下跌行情的最低点卖出。因而，炒黄金投资者需把握好顺势的行情，别一再犹豫，等到最低/最高价位时才追悔莫及。

3. 掌握解套技巧

在炒黄金的过程中，有时在判断错误的情况下，会出现交易资金套牢的情况。此时，你需要掌握炒黄金解套技巧。首先，投资者需根据自己的持仓比例来判断，若处于轻度套牢，则没必要急于止损，待行情稳定下来，可以根据分析逐步做单；若投资者属于高度套牢者，则需要稳住心态，冷静运用逢高减仓的操作方法来减少持仓压力，降低套牢风险。

4. 控制好心态

做任何投资，控制心态都是非常重要的，炒黄金实战交易技巧中也提到了这一点。首先，投资者在做交易前，需要树立自信心，在炒黄金的过程中要果断操作，不能犹豫不决。其次，投资者需要保持平常心，不能患得患失。做任何投资，都会有偶尔亏损的时候，投资者要控制好心态，在亏损时保持镇定，仔细分析行情才是最重要的。

5. 不可盲目跟从，不可心存幻想

市场不存在神，任何人、任何机构都有发生错误的时候。一些投资者自己不做分析判断，对他人的建议言听计从，自己只是一个傀儡。真正的投资者在听取建议时应该多问几个为什么，以了解建议者的想法、思路和理由，开拓自己的思路，提高自己的水平。尤其是当建议者与自己的判断不一致时，更要全面考虑。

6. 市场变化，不要勉强

有些投资者将自己的观念强加于市场之上，总是认为市场应当如何如何，一旦市场方向与自己的判断不同，就妄下断言：市场错了，无法理解。实际上错的恰恰是其自己。

市场价格不可能无缘无故地上涨，也不会无缘无故地下跌。只不过造成上涨下跌的理由我们普通交易者暂时无法发现罢了。

 小贴士

在获得成功之前，请每位投资者牢记："金市有风险，入市须谨慎。"

第10章

百战不殆：债券投资

债券时代来了，债券市场的规模在不断扩大。由于债券投资专业程度高，投资方法复杂，债券市场的个人投资者占比不高，而机构投资者占比则超过九成。但这并不等于说债券市场就完全是机构投资者的天下，实际上个人投资者也可以运用债券投资策略，在债券市场上获取收益。

10.1 债券投资基础知识

债券是国家、地方政府、上市公司或私人公司为解决财政上的困难而发行的有价证券。债券的利息承诺是契约性的，不论债券人的财务状况如何，债券发行商均有义务于利息发布或债券到期当日，交付利息或本金予债券持有人。最常见的债券为定息债券、浮息债券及零息债券。

债券是投资者凭以定期获得利息、到期归还本金及利息的证书。债券持有者是债权人，发行者为债务人。与银行信贷不同的是，债券是一种直接债务关系。银行信贷通过存款人—银行、银行—贷款人形成间接的债务关系。债券不论何种形式，大都可以在市场上进行买卖，并因此形成了债券市场。

10.1.1 债券的分类

债券的分类方式有多种，具体分类如下。

1. 按发行主体分类（见表 10-1）

表 10-1 按发行主体分类

分类	说明
政府债券	政府为筹集资金而发行的债券。主要包括国债、地方政府债券等，其中最主要的是国债。国债因其信誉好、利率优、风险小而又被称为"金边债券"
金融债券	由银行和非银行金融机构发行的债券。在我国，目前金融债券主要由国家开发银行、进出口银行等政策性银行发行
公司（企业）债券	企业依照法定程序发行，约定在一定期限内还本付息的债券

2. 按付息方式分类（见表 10-2）

表 10-2 按付息方式分类

分类	说明
贴现债券	债券券面上不附有息票，发行时按规定的折扣率，以低于债券面值的价格发行，到期按面值支付本金的债券。贴现债券的发行价格与其面值的差额即为债券的利息
零息债券	债券到期时和本金一起一次性付息、利随本清，也可称为到期付息债券。付息特点一是利息一次性支付；二是债券到期时支付
附息债券	债券券面上附有息票的债券，是按照债券票面载明的利率及支付方式支付利息的债券。息票上标有利息额、支付利息的期限和债券号码等内容。持有人可从债券上剪下息票，并据此领取利息。附息国债的利息支付方式一般是在偿还期内按期付息，如每半年或一年付息一次

3. 按计息方式分类（见表 10-3）

表 10-3 按计息方式分类

分类	说明
单利债券	在计息时，不论期限长短，仅按本金计息，所生利息不再加入本金计算下期利息的债券
复利债券	复利债券与单利债券相对应，指计算利息时，按一定期限将所生利息加入本金再计算利息，逐期滚算的债券
累进利率债券	年利率以利率逐年累进方法计息的债券。累进利率债券的利率随着时间的推移，后期利率比前期利率更高，呈累进状态

4. 按利率确定方式分类（见表10-4）

表10-4　按利率确定方式分类

分类	说明
固定利率债券	在发行时规定利率在整个偿还期内不变的债券
浮动利率债券	与固定利率债券相对应的一种债券，它是指发行时规定债券利率随市场利率定期浮动的债券，其利率通常根据市场基准利率加上一定的利差来确定。浮动利率债券往往是中长期债券。由于利率可以随市场利率浮动，采取浮动利率债券形式可以有效地规避利率风险

5. 按偿还期限分类（见表10-5）

表10-5　按偿还期限分类

分类	说明
长期债券	偿还期限在10年以上的为长期债券
中期债券	偿还期限在1年或1年以上、10年以下（包括10年）的为中期债券
短期债券	偿还期限在1年以下的为短期债券

注：我国企业债券的期限划分与上述标准有所不同。我国短期企业债券的偿还期限在1年以内，偿还期限在1年以上、5年以下的为中期企业债券，偿还期限在5年以上的为长期企业债券。

6. 按债券形态分类（见表10-6）

表10-6　按债券形态分类

分类	说明
实物债券 （无记名债券）	以实物债券的形式记录债权，券面标有发行年度和不同金额，可上市流通。实物债券由于其发行成本较高，将会被逐步取消
凭证式债券	一种储蓄债券，通过银行发行，采用"凭证式国债收款凭证"的形式，从购买之日起计息，但不能上市流通
记账式债券	记账式债券指没有实物形态的票据，以记账方式记录债权，通过证券交易所的交易系统发行和交易。由于记账式国债发行和交易均无纸化，所以交易效率高、成本低，是未来债券发展的趋势

7. 按募集方式分类（见表 10-7）

表 10-7　按募集方式分类

分类	说明
公募债券	按法定手续，经证券主管机构批准在市场上公开发行的债券。这种债券的认购者可以是社会上的任何人。发行者一般有较高的信誉。除政府机构、地方公共团体外，一般企业必须符合规定的条件才能发行公募债券，并且要求发行者必须遵守信息公开制度，向证券主管部门提交有价证券申报书，以保护投资者的利益
私募债券	以特定的少数投资者为对象发行的债券，发行手续简单，一般不能公开上市交易

8. 按担保性质分类（见表 10-8）

表 10-8　按担保性质分类

分类	说明
有担保债券	以特定财产作为担保品而发行的债券。以不动产，如房屋等为担保品的，称为不动产抵押债券；以动产，如适销商品等作为担保品的，称为动产抵押债券；以有价证券，如股票及其他债券作为担保品的，称为证券信托债券。一旦债券发行人违约，信托人就可将担保品变卖处置，以保证债权人的优先受偿权
无担保债券（信用债券）	不提供任何形式的担保，仅凭筹资人信用发行的债券。政府债券属于此类债券。这种债券由于其发行人的绝对信用而具有坚实的可靠性。除此之外，一些公司也可发行这种债券，即信用公司债。与有担保债券相比，无担保债券的持有人承担的风险较大，因而往往要求较高的利率。但为了保护投资者的利益，发行这种债券的公司往往受到种种限制，只有那些信誉卓著的大公司才有资格发行
质押债券	以其有价证券作为担保品所发行的债券。我国的质押债券是指已由政府、中央银行、政策性银行等部门和单位发行，在中央国债登记结算有限责任公司托管的政府债券、中央银行债券、政策性金融债券，以及经人民银行认可、可用于质押的其他有价证券

10.1.2　债券入门

在市面上众多令人眼花缭乱的金融商品中，债券以其低风险、收益稳定、流动性强的特点，备受众多投资者的青睐。下面我们来看一下与债券有关的基础知识。

1. 债券面值

债券面值包括两部分基本内容：一是币种，二是票面金额。面值的币种可用本国货币，也可用外币，这取决于发行者的需要和债券的种类。债券的发行者可根据资金市场情况和自己的需要情况选择适合的币种。债券的票面金额是债券到期时偿还债务的金额。不同债券的票面金额大小相差悬殊，但现在考虑到买卖和投资的便利性，多趋向于发行小面额债券。面额印在债券上，固定不变，到期必须足额偿还。

2. 债券价格

债券价格是指债券发行时的价格。理论上，债券的面值就是它的价格。但实际上，由于发行者的种种考虑或资金市场上供求关系、利率的变化，债券的市场价格常常脱离它的面值，有时高于面值，有时低于面值。也就是说，债券的面值是固定的，但它的价格却是经常变化的。发行者计息还本，是以债券的面值为依据，而不是以其价格为依据的。

3. 债券利率

债券利率是债券利息与债券面值的比率。债券利率分为固定利率和浮动利率两种。债券利率一般为年利率，面值与利率相乘可得出年利息。债券利率直接关系到债券的收益。影响债券利率的因素主要有银行利率水平、发行者的资信状况、债券的偿还期限和资金市场的供求情况等。

4. 债券还本期限与方式

债券还本期限是指从债券发行到归还本金之间的时间。债券还本期限长短不一，有的只有几个月，有的长达十几年。还本期限应在债券票面上注明。债券发行者必须在债券到期日偿还本金。债券还本期限的长短，主要取决于发行者对资金需求的时限、未来市场利率的变化趋势和证券交易市场的发达程度等因素。

债券还本方式是指一次还本还是分期还本等，还本方式也应在债券票面上注明。

5. 债券的特性

（1）偿还性。债券一般都规定有偿还期限，发行人必须按约定条件偿还本金并支付利息。

（2）流通性。债券一般都可以在流通市场上自由转换。

（3）安全性。与股票相比，债券通常规定有固定的利率，与企业绩效没有直接联系，收益比较稳定，风险较小。此外，在企业破产时，债券持有者享有优先于股票持有者对企业剩余财产的索取权。

（4）收益性。债券的收益性主要表现在两个方面：一是投资债券可以给投资者定期或不定期地带来利息收益；二是投资者可以利用债券价格的变动，买卖债券赚取差额。

6. 债券的优点

（1）资本成本低。债券的利息可以税前列支，具有抵税作用；另外，债券投资者比股票投资者的投资风险低，因此其要求的报酬率也较低。故公司债券的资本成本要低于普通股。

（2）具有财务杠杆作用。债券的利息是固定的费用，债券持有人除获取利息外，不能参与公司净利润的分配，因而具有财务杠杆作用，在息税前利润增加的情况下会使股东的收益以更快的速度增加。

（3）所筹集资金属于长期资金。发行债券所筹集的资金一般属于长期资金，可供企业在 1 年以上的时间内使用，这为企业安排投资项目提供了有力的资金支持。

（4）债券筹资的范围广、金额大。债券筹资的对象十分广泛，它既可以向各类银行或非银行金融机构筹资，也可以向其他法人单位、个人筹资，因此筹资比较容易并可筹集较大金额的资金。

7. 债券的缺点

（1）财务风险大。债券有固定的到期日和固定的利息支出，当企业资金周转出现困难时，易使企业陷入财务困境，甚至破产清算。因此，筹资企业在通过发行债券来筹资时，必须考虑利用债券筹资方式所筹集的资金进行的投资项目的未来收益的稳定性和增长性的问题。

（2）限制性条款多，资金使用缺乏灵活性。因为债权人没有参与企业管理的权利，为了保障债权人债权的安全，通常会在债券合同中包括各种限制性条款。这些限制性条款会影响企业资金使用的灵活性。

8. 影响债券投资收益的因素

债券的投资收益主要由两部分构成：一是来自债券固定的利息收入，二是来自市场买卖中赚取的差价。在这两部分收入中，利息收入是固定的，而买卖差价则受到市场较大的影响。影响投资收益的主要因素如下：

（1）利率。债券价格的涨跌与利率的升降成反向关系。利率下降的时候，债券价格便上升。

（2）信用。与债券发行人按时支付利息、到期归还本金的能力有关。一些债券评级机构会对债券的信用等级进行评级。如果某债券的信用等级下降，将会导致该债券的价格下跌，持有这种债券的基金净值也会随之下降。

10.1.3 债券的风险

任何投资都是有风险的，风险不仅存在于价格变化之中，也可能存在于信用之中。尽管和股票相比，债券的利率一般是固定的，但人们进行债券投资和其他投资一样，仍然是有风险的。因此，正确评估债券投资的风险，明确未来可能遭受的损失，是投资者在投资决策之前必须要做的工作。

1. 信用风险

信用风险又称违约风险，是指发行债券的借款人不能按时支付债券利息或偿还本金，而给债券投资者带来损失的风险。在所有债券之中，财政部发行的国债，由于有政府作担保，往往被市场认为是金边债券，所以没有违约风险。但除中央政府外的地方政府和公司发行的债券则或多或少地有违约风险。因此，信用评级机构要对债券进行评价，以反映其违约风险。一般来说，如果市场认为一种债券的违约风险相对较高，那么就会要求债券的收益率要较高，从而弥补可能承受的损失。

— 规避方法 —

违约风险一般是由于发行债券的公司或主体经营状况不佳或信誉不高带来的风险，所以，避免违约风险的最直接的办法就是不买质量差的债券。在选择债券时，一定要仔细了解公司的情况，包括公司的经营状况和公司以往的债券支付情况，尽量避免投资经营状况不佳或信誉不好的公司债券。在持有债券期间，应尽可能对公司经营状况进行了解，以便及时做出卖出债券的抉择。同时，由于国债的投资风险较低，保守的投资者应尽量选择投资风险低的国债。

2. 利率风险

债券的利率风险，是指由于利率变动而使投资者遭受损失的风险。毫无疑问，利率是影响债券价格的重要因素之一：当利率上升时，债券的价格就会降低；当利率降低时，债券的价格就会上升。由于债券价格会随利率变动，所以即便是没有违约风险的国债，也会存在利率风险。

— 规避方法 —

应采取的防范措施是分散债券的期限，长短期配合。如果利率上升，则短期投资可以迅速找到高收益投资机会；若利率下降，则长期债券能保持高收益。总之，不要把所有的鸡蛋都放在同一个篮子里。

3. 通货膨胀风险

通货膨胀风险又称购买力风险，是指由于通货膨胀而使货币购买力下降的风险。通货膨胀期间，投资者的实际利率应该是票面利率扣除通货膨胀率。若债券利率为10%，通货膨胀率为8%，则实际收益率只有2%。购买力风险是债券投资中最常出现的一种风险。

规避方法

对于购买力风险,最好的规避方法就是分散投资,以分散风险,使购买力下降带来的风险能为某些收益较高的投资收益所弥补。通常采用的方法是将一部分资金投资于收益较高的投资方式上,如股票、期货等,但带来的风险也随之增加。

4. 流动性风险

流动性风险即变现能力风险,是指投资者在短期内无法以合理的价格卖掉债券的风险。如果投资者遇到一个更好的投资机会,他想出售现有债券,但短期内找不到愿意出合理价格的买主,要把价格降到很低或者很长时间才能找到买主,那么,他不是遭受降价损失,就是丧失新的投资机会。

规避方法

针对变现能力风险,投资者应尽量选择交易活跃的债券,如国债等,便于得到其他人的认同,冷门债券最好不要购买。在投资债券之前,应准备一定的现金以备不时之需,毕竟债券的中途转让不会给持有债券人带来好的回报。

5. 再投资风险

再投资风险是指投资者以定期收到的利息或到期偿还的本金进行再投资时市场利率变化使得再投资收益率低于初始投资收益率的风险。

规避方法

对于再投资风险,应采取的防范措施是分散债券的期限,长短期配合。如果利率上升,则短期投资可迅速找到高收益投资机会;若利率下降,则长期债券能保持高收益。也就是说,要分散投资,以分散风险,并使一些风险能够相互抵消。

6. 经营风险

经营风险是指发行债券的单位管理与决策人员在其经营管理过程中发生失误,导致资产减少而使债券投资者遭受损失。

规避方法

为了防范经营风险,选择债券时一定要对公司进行调查,通过对其报表进行分析,了解其盈利能力和偿债能力、信誉等。由于国债的投资风险极小,而公司债券的利率较高但投资风险较大,所以,需要在收益和风险之间做出权衡。

10.2 债券的交易

债券交易市场包括场内交易市场和场外交易市场两部分。

10.2.1 场内债券交易程序

场内交易也叫交易所交易。证券交易所是市场的核心,在证券交易所内部,其交易程序都要经证券交易所立法规定,其具体步骤明确而严格。债券的交易程序包括五个步骤:开户→委托→成交→清算和交割→过户。

1. 开户

债券投资者要进入证券交易所参与债券交易,首先必须选择一家可靠的证券经纪公司,并在该公司办理开户手续。

1)订立开户合同

开户合同应包括如下事项:

- 委托人的真实姓名、住址、年龄、职业、身份证号码等。
- 委托人与证券公司之间的权利和义务,并同时认可证券交易所营业细则和相关规定及经纪商公会的规章作为开户合同的有效组成部分。
- 确立开户合同的有效期限,以及延长合同期限的条件和程序。

2)开立账户

在投资者与证券公司订立开户合同后,就可以开立账户,为自己从事债券交易做准备。我国上海证券交易所允许开立的账户有现金账户和证券账户。现金账户只能用来买进债券并通过该账户支付买进债券的价款;证券账户只能用来交割债券。因投资者既要进行债券的买进业务,又要进行债券的卖出业务,故一般都要同时开立现金账户和证券账户。上海证券交易所规定,投资者开立的现金账户,其中的资金要首先交存证券商,然后由证券商转存银行,其利息收入将自动转入该账户;投资者开立的证券账户,则由证券商免费代为保管。

2. 委托

投资者在证券公司开立账户以后,要想真正上市交易,还必须与证券公司办理证券交易委托关系,这是一般投资者进入证券交易所的必经程序,也是债券交易的必经程序。

1）委托关系的确立

投资者与证券公司之间委托关系的确立，其核心程序就是投资者向证券公司发出"委托"。投资者发出委托必须与证券公司的办事机构联系，证券公司接到委托后，就会按照投资者的委托指令，填写"委托单"，将投资交易债券的种类、数量、价格、开户类型、交割方式等一一载明。而且"委托单"必须及时送达证券公司在交易所中的驻场人员，由驻场人员负责执行委托。投资者办理委托可以采取当面委托或电话委托两种方式。

2）委托方式的分类

- 买进委托和卖出委托。
- 当日委托和多日委托。
- 随行就市委托和限价委托。
- 停止损失委托和授权委托。
- 停止损失限价委托、立即撤销委托、撤销委托。
- 整数委托和零数委托。

3. 成交

证券公司在接受投资客户委托并填写委托说明书后，就要由其驻场人员在交易所内迅速执行委托，促使该种债券成交。

1）债券成交的原则

在证券交易所内，债券成交就是要使买卖双方在价格和数量上达成一致。该程序必须遵循特殊的原则，又叫竞争原则。这种竞争原则的主要内容是"三先"，即价格优先、时间优先、客户委托优先。

- 价格优先就是证券公司按照交易最有利于投资委托人的利益的价格买进或卖出债券。
- 时间优先就是要求在相同的价格申报时，应该与最早提出该价格的一方成交。
- 客户委托优先主要是要求证券公司在自营买卖和代理买卖之间，首先进行代理买卖。

2）竞价的方式

证券交易所的交易价格按竞价的方式进行。竞价的方式包括口头唱报、板牌报价及计算机终端申报竞价三种。

4. 清算和交割

债券交易成立以后就必须进行券款的交付，这就是债券的清算和交割。

1）债券的清算

债券的清算是指对同一证券公司在同一交割日对同一种国债券的买和卖相互抵销，确定出应当交割的债券数量和应当交割的价款数额，然后按照"净额交收"原则办理债券和价款的交割。一般在交易所当日闭市时，其清算机构便依据当日"场内成交单"所记载的各证券商的买进和卖出某种债券的数量和价格，计算出各证券商应收应付价款相抵后的净额及各种债券相抵后的净额，编制成当日的"清算交割表"，各证券商核对后再编制该证券商当日的"交割清单"，并在规定的交割日办理交割手续。

2）债券的交割

债券的交割就是将债券由卖方交给买方，将价款由买方交给卖方。在证券交易所交易的债券，按照交割日期的不同，可分为当日交割、普通日交割和约定日交割三种。如上海证券交易所规定，当日交割是在买卖成交当天办理券款交割手续；普通日交割是买卖成交后的第四个营业日办理券款交割手续；约定日交割是买卖成交后的15日内，买卖双方约定某一日进行券款交割。

5. 过户

债券成交并办理了交割手续后，最后一道程序是完成债券的过户。过户是指将债券的所有权从一个所有者名下转移到另一个所有者名下。基本程序包括：

（1）债券原所有者在完成清算交割后，应领取并填写过户通知书，加盖印章后随同债券一起送到证券公司的过户机构。

（2）债券新的持有者在完成清算交割后，向证券公司索要印章卡，加盖印章后送到证券公司的过户机构。

（3）证券公司的过户机构收到过户通知书、债券及印章卡后，加以审查，若手续齐备，则注销原债券持有者证券账户上相同数量的该种债券，同时在其现金账户上增加与该笔交易价款相等的金额。对于债券的买方，则在其现金账户上减少价款，同时在其证券账户上增加债券的数量。

10.2.2 场外债券交易程序

场外债券交易就是证券交易所以外的证券公司柜台进行的债券交易。场外交易包括自营买卖和代理买卖两种。

1. 自营买卖债券的程序

场外自营买卖债券就是由投资者个人作为债券买卖的一方，由证券公司作为债券买卖的另一方，其交易价格由证券公司自己挂牌。自营买卖程序十分简单，具体包括：

（1）买入、卖出者根据证券公司的挂牌价格，填写申请单。申请单上载明债券的种类、买入或卖出的数量。

（2）证券公司按照买入、卖出者申请的券种和数量，根据挂牌价格开出成交单。成交单的内容包括交易日期、成交债券名称、单价、数量、总金额、票面金额、客户的姓名和地址，以及证券公司的名称、地址、经办人姓名、业务公章等，必要时还要登记卖出者的身份证号。

（3）证券公司按照成交信息，向客户交付债券或现金，完成交易。

2. 代理买卖债券的程序

场外代理买卖就是投资者个人委托证券公司代其买卖债券，证券公司仅作为中介，而不参与买卖业务，其交易价格由委托买卖双方分别挂牌，达成一致后形成。场外代理买卖的程序包括：

（1）委托人填写委托书。内容包括委托人的姓名和地址、委托买卖债券的种类、数量和价格、委托日期和期限等。委托卖方要交验身份证。

（2）委托人将填好的委托书交给委托的证券公司。其中，买方要交纳买债券的金额保证金，卖方则要交出拟卖出的债券，证券公司为其开临时收据。

（3）证券公司根据委托人的买入或卖出委托书上的基本要素，分别为买卖双方挂牌。

（4）如果买方、卖方均为一人，则通过双方讨价还价，促使债券成交；如果买方、卖方为多人，则根据"价格优先，时间优先"的原则，顺序办理交易。

（5）债券成交后，证券公司填写具体的成交单。内容包括成交日期、买卖双方的姓名、地址及交易机构名称、经办人姓名、业务公章等。

（6）买卖双方接到成交单后，分别交出价款和债券。证券公司收回临时收据，扣收代理手续费，办理清算交割手续，完成交易过程。

10.3 购买债券的渠道

在债券市场中，债券的品种有很多，如国债、政策性金融债、企业债、可转债、公司债、企业短期融资券、中期票据等。不同类型的债券涉及的购买方式不同，个人投资者在购买债券之前要清楚自己想要购买什么类型的债券。购买债券的方式大致可分为以下三种渠道。

我国债券市场分为交易所市场、银行间市场和银行柜台市场。交易所市场属场内市场，机构和个人投资者都可以广泛参与，而银行间市场和柜台市场都属债券的场外市场。银行间市场的交易者都是机构投资者，银行柜台市场的交易者则主要是中小投资者，其中大量是个人投资者。

1. 交易所：企业债、可转债等多种选择

目前在交易所债市流通的有记账式国债、企业债、公司债和可转债，在这个市场里，个人投资者只要在证券公司的营业部开设债券账户，就可以像买股票一样购买债券，并且还可以实现债券的差价交易。

与购买股票相比，在交易所买卖债券的交易成本非常低。首先是免征印花税；其次，为促进债券市场的发展，交易佣金曾大幅下调。据粗略估算，买卖债券的交易成本大概在万分之五以下，大概是股票交易成本的 1/10。

小贴士

> 需要提醒投资者的是，除国债外，持有其他债券的利息所得需要缴纳20%的所得税，这笔税款将由证券交易所在每笔交易最终完成后替投资者清算资金账户时代为扣除。

2. 银行柜台：买储蓄式国债

柜台债券市场目前只提供凭证式国债一种债券品种，并且这种品种不具有流动性，仅面向个人投资者发售，更多地发挥储蓄功能，投资者只能持有到期，获取票面利息收入；不过有的银行会为投资者提供凭证式国债的质押贷款，提供了一定的流动性。

购买凭证式国债，投资者只需持本人有效身份证件，在银行柜台办理开户。开立只用于储蓄国债的个人国债托管账户不收取账户开户费和维护费，且国债收益免征利息税。

不过，开立个人国债托管账户的同时，还应在同一承办银行开立（或者指定）一个人民币结算账户（借记卡账户或者活期存折）作为国债账户的资金账户，用以结算兑付本金和利息。虽不能上市交易，但可按规定提前兑取。

3. 委托理财：债券基金与固定收益产品

除国债和金融债外，几乎所有债市品种都在银行间债券市场流通，包括次级债、企业短期融资券、商业银行普通金融债和外币债券等。这些品种普遍具有较高的收益，但个人投资者尚无法直接投资。

债券基金可投资国债、金融债、企业债和可转债，而银行的固定收益类产品可投资的范围更广，包括在全国银行间市场发行的国债、政策性银行金融债、央行票据、短期融资券等债券。

10.4　购买债券的策略

债券因其投资收益稳定、风险较小，而成为许多投资者的首选理财产品。但风险小是相对而言的，因为有投资就会存在风险，债券也同样如此，如市场利率、通货膨胀、企业经营状况、国家货币政策、企业融资等因素都会使债券投资的收益产生波动。我们如何才能练就高超的投资技巧去规避这些投资风险，从而赚取稳定的投资收益呢？

（1）所有的市场利率和债券价格，关键的因果关系始终不会变：当市场利率下降时，所有的债券价格上升；当市场利率上升时，所有的债券价格下跌。这个规律具有绝对的数学精确性。

（2）由于债券价格与市场利率总是往相反方向走，很明显，在现实世界中由于经济周期变化，我们应当在市场利率的高峰点买入长期债券，而在市场利率达到谷底时卖出债券，即用长期债券的买卖战略可以获得安全、可观的利润。

（3）不同期限的债券投资的一般规律是：当利率变化时，期限越长的债券，其价格变动幅度越大。所以，在经济周期中，当利率从最高点往回走时，市场上期限最长的债券升值最多。在明显的利率下跌过程中，投资者应选取至少 10 年以上的债券，以达到利润最大化。

（4）考虑个人的风险承受能力。个人风险承受能力较强的投资者可投资长期的附息国债，在国债价格的波动中寻找盈利机会。个人风险承受能力较弱的投资者则应投资短期的零息国债或储蓄性质的凭证式国债，从而规避市场基本面与政策变化所带来的国债价格的波动。

（5）应将利息收入与家庭长期支出安排结合起来。如投资者在 5 年后有一笔大的购房支出，则应购买 5 年期的到期一次性还本付息的国债，保证到期后会获得稳定的收益。

（6）投资国债和企业债券的比例分配。这个比例一般为国债投资占70%，企业债券投资占30%。企业债券的年利息收入可能会高于国债，但其风险相对要大一些。适当搭配，既可获得比单一投资国债要高的利息，又可以规避完全投资企业债券的风险。

第 11 章
理财目标，根据实际情况来选择

只有根据自己的实际情况确定理财目标，才能更好地、有计划地进行理财，做到理性理财，才能有所收获。

11.1 确定自己目前的理财阶段

理财是一个人一辈子的大事，根据年龄可以将理财分为三大阶段：单身阶段，家庭、事业发展阶段及养老阶段。每一阶段的理财机会都应该把握住，错过了就不会再有了。

1. 单身阶段

年龄：0～25 岁。

理财目标：积累财富。

财富从孩子一出生开始就应该积累，孩子小的时候，由父母代为积累，提供给孩子读书、接受教育的费用。当孩子有了一定的自理能力以后，积累财富的形式主要是省吃俭用，在还没有工作前的财富积累是有限的，但却是必不可少的。

当大学毕业以后，找到第一份工作时，一个人才真正开始积累财富。

处于大学毕业后还单身阶段的投资者，因为工作时间短、经验不足，收入也比较低，开销较大，所以主要目标应该放在工作上，积累经验，努力工作，广开财源；理财方向的重点放在稳健型的轻松理财产品上，如货币基金、银行定期、P2P 理财等。做好开源节流，之后存入银行，既稳定，又方便。

2. 家庭、事业发展阶段

年龄：26～50 岁。

理财目标：资产增值。

当积累了一定工作经验之后，投资者的工资会逐步增加，并且开始计划成家立业。这一阶段主要是家庭、事业的成长期，不管是计划结婚，还是已经有了一个稳定的家庭。这一时期不仅要注重风险管理，还要注重投资规划，如子女的教育金规划、夫妻的投资规划和养老规划等，都应列入规划目标。

对于这一阶段，主要从四个方面进行规划，如图 11-1 所示。

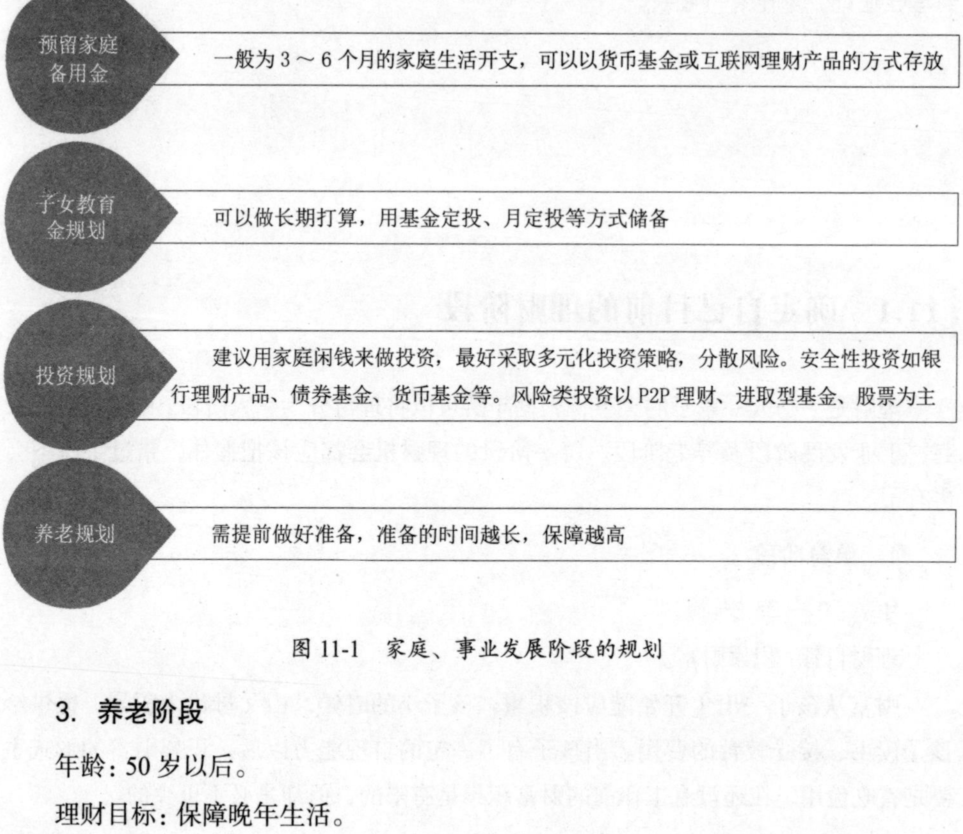

预留家庭备用金	一般为 3～6 个月的家庭生活开支，可以以货币基金或互联网理财产品的方式存放
子女教育金规划	可以做长期打算，用基金定投、月定投等方式储备
投资规划	建议用家庭闲钱来做投资，最好采取多元化投资策略，分散风险。安全性投资如银行理财产品、债券基金、货币基金等。风险类投资以 P2P 理财、进取型基金、股票为主
养老规划	需提前做好准备，准备的时间越长，保障越高

图 11-1　家庭、事业发展阶段的规划

3. 养老阶段

年龄：50 岁以后。

理财目标：保障晚年生活。

这一阶段的重点应该以安度晚年为目标，主要面临的开支就是各种保健医疗费用。处于此阶段的投资者应以健康为第一目标，投资重点由偏重风险性投资实现资产增值转为稳定型理财，目标是资产保值，提高自己的保障，同时可以给自己配置一些保险。

◆ **生活案例**

刘辉今年 26 岁，月收入 5 000 元，目前他手里有 10 万元存款，工资每月结余 2 000 元，他把其中的 1 000 元用来做定投，剩下 1 000 元则用于风险储备金，灵活支出。

朋友们都劝他用手里的 10 万元按揭购买一套房子，刘辉目前租住的房子房租为 1 400 元，一年租金有 1.68 万元。该套房子房主的买价为 48 万元，房子为 60 平方米。刘辉计算了一下房子的投资回报率，大约在 3% 左右。然而，自己购买的理财产品，收益基本都超出 3%。

刘辉认为买房子的投资回报率不如拿钱购买理财产品的投资回报率高，他可以拿房子首付的钱来投资，赢取更多的回报。

案例启示

刘辉拥有较好的理财观念，他认为租房比买房更实惠，但是他同时也忽略了租金上涨的问题，并且房屋还有升值的空间。不过相对来说，刘辉的考虑是比较合理的，他目前还处于人生的准备阶段，应该更注重资金的积累，等到购房能力更强时，再进行购房。

11.2　选择适合自己的理财方式

如何致富，使手中的钱既保值又增值，这是个人投资理财最为关注的问题。进行理财的原因很简单，就是希望能在正常收入以外再获得一些收益，享受一下"钱带来钱"的乐趣。而不同的人会选择不同的理财方式。

11.2.1　职场新人：刚毕业的白领如何理财

随着社会的发展进步，人们的理财意识逐渐提高，对理财产品也有一定的认识。然而，对于大多数刚刚毕业的小白领而言，手里的资金并不多，很多人基本令其躺在工资卡里，觉得没有打理的必要。事实上，不管钱有多少，都应该学着理财，这样才可以养成理财习惯，提高理财水平，促进财富增值。另外，小额资金理财也有其独特的地方，和大笔投资不同。

小额资金理财投资组合应该尽量简单,讲究稳定增值。因为资金不多,所以没有必要搞多元化投资理财,也没有必要进行复杂的投资组合。尽量投资自己了解的理财产品,投资方式也应简单化,把所有的鸡蛋都放在一个篮子里,然后好好地看好这个篮子里的鸡蛋。如果四处出击,那么不仅会分散理财精力,影响理财质量,还会难以把握风险。小额资金理财,千万不能搞得太过复杂,否则会很累,并且收益也不稳定、不清晰。

如果自己钱不多,就选择小额投资理财产品,首先不需要花大额的钱,其次也不需要花费太多的时间去打理,从而更加方便快捷。

◆ **生活案例**

李长辉大学毕业后进入南京一家外企上班,作为职场新人,他手里并没有什么积蓄。他目前已经26岁了,想制订一个投资理财规划,早日实现买房结婚并接父母来南京照顾的愿望。

春节期间,李长辉趁节假日各平台发福利,选择以保本型经济与指数型基金相结合的方式试水。他利用毕业后工作积攒的8万元进行基金组合性投资。看到理财收益后,李长辉综合自己目前的工作状况,认为两年半内购买婚房十分有希望。

后来他又把投资理财目标进行了调整——在现有资金的基础上进行买房和存够结婚的钱,尽量把投资组合丰富完善,分散风险。

由于李长辉投资的是组合型基金,抗风险能力相对较强,所以如果按照8%的年平均收益率进行计算,每月定投5 000元,那么三年后差不多可以积累21万元。这笔钱就可以用来当作购房的首付款。

案例启示

上述案例中,李长辉选择了组合型基金定投的方式,将三年作为一个财务积累期,积累买房和结婚的部分本金,既控制了每个月的消费,又很好地发挥了小额理财的价值。

11.2.2 "月光族":如何投资理财才能更好地生活

现在很多年轻人都是"月光族",尤其是在大城市,很多人每个月的薪酬已经不能满足支出的需要。因此,投资理财势在必行。那么,"月光族"应该如何投资理财呢?

1. 培养理财观念

很多人对于投资理财都没什么概念。最简单的一个方法就是,通过记账软件计算自己每个月的收入与支出,从而可以确定每个月可以抽出多少钱来进行投资理财。把可以用来进行投资理财的钱与普通的支出划分开,这样才有闲钱用来理财。比如,把每个月工资的百分之十用来投资,这样可以防止个人高额消费,而投资理财还可以赚利息。

 小贴士

不管是家庭还是个人,不能因为高收益就把大量资金投入到理财产品中,否则会导致工资没发,理财资金取不出的尴尬局面。

2. 懂一点理财知识

很多投资者进入理财平台后,既不知道预期年化收益与约定年化收益的区别,也不知道收益计算公式。不管购买哪一种理财产品,懂一点理财知识都对获取更高收益有利。

◆ **生活案例**

曾晓文从一所211大学毕业后,过五关斩六将,好不容易进入上海一家国有企业工作。虽然这里"五险一金"样样齐全,工作也十分稳定,但是收入却不尽如人意。面对上海居高不下的消费压力,想到日益年迈、需要自己赡养的父母,曾晓文就迫切地想要尽早摆脱"月光族"的命运。

案例启示

上述案例中,曾晓文应先设定一个中长期理财目标。理财首先需要改变消费方式,并且养成良好的储蓄习惯,可以尝试从"先储蓄再消费"开始,也就是强制储蓄。未来生活需要打理,父母年老需要赡养,因此储蓄计划一定要稳定、长期地坚持下去。

11.2.3 新婚小夫妻:如何通过理财共渡难关

◆ **生活案例**

现在生存竞争压力越来越大,新婚夫妇也很难承受巨大的压力。今年刚刚结婚的周唯,在双方父母的帮助下购买了新房,但是买完房子以后,巨大的生活压力压得周唯夫妇喘不过气来。周唯想要在年底之前买辆车,周唯太太还想抓紧时间生个孩子,但是所有的钱都用来买房子后,想要实现这些愿望很是艰难。万般无奈下,周唯希望理财师可以提供一些建议,从而使他可以掌握现在互联网理财的技巧,懂得如何通过理财渡过难关。

> **案例启示**
>
> 从周先生当前的家庭情况来看,夫妻两人家境还是有一些储蓄功底的,不然也不会一次性购买婚房。另外,周先生想要在年底之前买车,周太太还想抓紧时间生孩子。这些想法如果按照一般的方法很难实现,但是合理地利用理财产品,并且掌握一定的理财知识,懂得如何理财就能完成这些愿望清单。

1. 建立长期的资金流入项目

家庭理财需要有一份不会断流的资金来源,这对于整个家庭来说意义非凡。大部分新婚夫妻存款较少,正处于资金匮乏的窘境中。但是只要手中有闲置的钱,这个时候就一定要拿出来,用于投资,这就和鸡生蛋是一样的道理。在工资稳定的情况下,可以把夫妻双方中一方的资金拿出来购买理财类产品,比如"宝宝"类理财产品,它具有随存随取的优点。

2. 储备育儿基金

新婚夫妻日后肯定要生一个可爱的宝宝,所以从现在开始,就要为宝宝预留一部分资金。迎接一个小生命的到来是很费钱的,包括小孩成长过程中的吃、穿、教育等各方面的资金准备。这笔资金的投入是一个长期过程,为了不影响家庭的正常生活水平,需要根据家庭的收支适当储备,一般来说,需要预留家庭收入的15%。

11.3 家庭理财,好计划让家庭更和睦

如今社会生活成本越来越高,人们的生存压力也越来越大,但是对于思想前卫的家庭来说,目前的生活并不能满足他们,特别是在如今理财产品繁多的情况下,许多家庭均有自己所瞄准的理财产品。调查分析,大部分家庭期望的理财产品都包括以下两个特点:风险低、收益高。那究竟什么产品可以满足大多数家庭的期望呢?

从目前国内大多数人投资的方式可以看出,中国大多数投资者投资的都是股票、期货、证券、房产、保险、储蓄、外汇、收藏品等,但是对于大部分普通人来说,真正可以玩转股票、期货、外汇、证券的人并不多。不难看出,对于一些想要投资而投资渠道有限的人来说,主要应将目光锁定在房产、股票、储蓄方面,对比这几种投资方式,股票的风险大并且长期不稳定,储蓄定存收益甚微。

家庭理财始终更加青睐于安全性高、收益高、流动性好的理财方式,和其他理财方式相比,P2P理财收益率占据绝对优势。在安全性方面,投资者可以根据平台

风控、安全措施等方面进行分析，资金实力雄厚、风控体系健全的平台是人们投资理财的首选。

 小贴士

> 凡事预则立，不管是家庭理财还是个人理财，在投资之前都要做好细致的理财规划、平台分析，方能保障自己的收益。

不过随着政府监管力度的不断加大，行业正在逐渐恢复平静。尽管目前整个P2P行业受到某些问题平台的影响很大，但是从整个行业发展趋势来看，这只是暂时的，随着监管配套政策的完善，P2P将会迎来健康有序的发展，真正做到普惠大众。投资者不可把线下理财公司和P2P平台画上等号，同时也不能一出现负面新闻就惊慌失措。在初期选择平台时，对平台的各项资质和能力都进行充分的调查和了解，加之平台的口碑，相信踩雷的概率将会大大降低。

11.3.1 认识家庭理财比率

家庭理财中的很多数据，可以直接影响理财的效果，如理财比率。为了更好地发挥理财应有的效果，在进行家庭理财规划之前，不妨来看看以下家庭理财比率。

1. 家庭负债比率

家庭负债比率反映家庭债务的负担程度。

家庭负债比率 = 每月债务偿还总额 ÷ 每月扣税后的收入总额 × 100%

这个指标用来衡量家庭的财务承担能力，一般以50%为标准。

2. 净投资资产与净资产比率

净投资资产与净资产比率反映家庭通过投资来使财富增长的能力情况。

净投资资产与净资产比率 = 净投资资产 / 净资产

这个比率一般维持在50%左右。

小贴士

> 净投资资产与净资产比率既不要过高也不要过低，比率越高，意味着家庭的投资越多元化，财富升值的渠道也较多。对于家庭理财来说，建议投资一些低风险的理财产品，稳健生财。

3. 家庭消费比率

家庭消费比率反映家庭财务的收支情况是否合理。

$$家庭消费比率 = 家庭消费总支出 \div 家庭收入总额 \times 100\%$$

家庭消费比率在 40%～60% 较好。

如果想要攒钱，这个比率越小越好。比率越小，就意味着花钱越少。但是理财并不是一味地省钱，保持一定的生活质量是必需的。兼顾长久与当下，合理值应该在 40%～60%。

4. 资产流动性比率

资产流动性比率反映家庭流动资金情况的合理性。

$$资产流动性比率 = 流动性资产 \div 每月支出$$

一般资产流动性比率在 3%～8% 为佳。

这里的流动性资产是指在家庭紧急需要资金时，可以迅速变现而不会带来损失的资产，如现金、活期存款等。但是该比率也不宜太高，否则会影响家庭理财收益的提高。

11.3.2 家庭理财中的数字定律

家庭理财的出发点无非是让自己的家庭过得更好，让钱变多。其中需要注意的事项也有很多。家庭理财中的几个数字定律需要牢记，这些基本原则虽然可能很简单，但是它们是已经被无数人证实过的、行之有效的、基本的财富处理方式。所以掌握这些原则，即使没有更多的理财动作，也可以让家庭财富稳定，提高抗风险能力。

1. 80 法则

所谓 80 法则，指的是放在高风险投资产品上的资产比例不可以超过 80 减去投资者的年龄。比如，投资者今年 30 岁，包括存款在内的现金资产有 30 万元，按照 80 法则，放在高风险投资上的资产就不可以超过 50%，也就是 15 万元。等到投资者 50 岁时，现金资产有 200 万元，那么也只能放 30%，也就是最多可以放 80 万元在高风险投资上。

> **小贴士**
>
> 80 法则强调了年龄与风险投资之间的关系，年龄与风险投资呈反比。年龄越大，就越要减少高风险项目的投资比例，从对收益的追求转向对本金的保障。

2. "双10"定律

家庭理财的重点在于，令家里的每一个人的生活都有保障。"双10"定律的规划对象主要是保险。所谓"双10"，指的是保险额度应该为10年的家庭年收入，而保费的支出应该是家庭年收入的10%。打个比方，投资者目前的家庭年收入是10万元，那么购买的意外、医疗、财产等保险的总保额应该在100万元左右，而保费不可以超过1万元。这样做的好处在于投资者可以用最少的钱去获得足够多的保障。

3. "不过3"定律

家庭理财不可以忽视的一部分就是要把家庭的收入按照区域好好划分。所谓"不过3"定律，指的是房贷的负担不要超过家庭月收入的30%。比如，投资者的家庭月收入是1.5万元，那么房贷最好不要超过4500元。

每个家庭看上去相似，但是又千差万别。无论选择哪一种家庭理财方式，主要宗旨只有一个，那就是令家庭过得更好。无论哪种法则或者定律，都只是给投资者设置一个简单的框架。家庭理财其实是一件很个性化的事情，每个家庭可以开发的资源不同，这些都决定了理财方式与其他家庭不尽相同。

11.3.3 工薪族情侣理财：工薪族情侣如何通过理财添婚房

◆ 生活案例

王先生和邓小姐是一对非常恩爱的小情侣，大学毕业以后，两人留在广州工作，为了节约房租，也方便照应，目前两人正在同居中。现在，生活中的开销基本都是王先生支付，两人有一个共同的目标，那就是扎根广州，买一套房子。为了实现这一目标，两人还约定"买到房子再结婚"。于是他们在网上寻求理财师的帮助，希望可以为自己做一个理财规划，好好利用手中的资产，最大限度增值。

案例启示

房子在中国人眼中就是一个家的外在表现，很多漂泊在外地、没钱买房的小情侣，只靠自己微薄的工资实现买房是一件很难的事，因此，做好理财规划，才有可能及早实现目标。

---

1. 建立双方共同账户

既然决定在一起，那么就要建立一个双方的共同账户，每月从收入中拿出部分钱来存入此账户，作为买房资金。如此，才能清楚地知道还差多少钱可以支付房子首付，把买房目标量化。

2. 各自记账

为了防止感情有变而产生金钱纠纷，建议小情侣各自记账，对自己的收支情况有清楚的了解。

3. 购买长期理财产品

做一个长期投资项目，购买一个长期理财产品。建立共同的资金账户以后，工薪族小情侣为了可以更快地实现买房目标，可以先把买房资金用来投资，以获取收益，积累更多的买房资金。因为买房资金的积累对稳定性要求很高，因此要避免股票等高风险投资，可以配置一些风险低、投资期限灵活的固定收益类理财产品。以目前互联网理财市场上比较流行的 P2P 理财产品为例，假如投入 50 万元，年化收益高达 10%，一年可以获得本息共计 55 万元。虽然收益不如股票，但是却赢在稳定性高、风险低，是理想的稳健投资选择。

4. 首选小户型房子

小情侣两人都是普通工薪族的话，在买第一套房时一定不能抱有太高的要求，尤其是在一线城市，普通工薪族经济能力有限，可以先买一套小户型的经济适用房，等到家庭财务状况稳定之后，再换一套大的房子。

11.3.4 单收入家庭如何稳健理财

基于对家庭的管理和照顾，许多女性还是担起了"家庭主妇"这个称号。夫妻两人，一人主内，一人主外。可是，这样一来，家庭的经济重担都落到一人身上，身为家中的顶梁柱也确实是挺累的。那么，对于单收入家庭来说，如何理财才能减轻家庭负担，令生活更轻松呢？

◆ **生活案例**

王太太今年 38 岁，辞职多年，一直在家相夫教子，目前有一个 9 岁的儿子，在其他人眼中她是一个令人欣羡的"全职太太"。

"有的人听说我不工作，专职在家看孩子，都以为我们家是暴发户，其实只是普通家庭。"王太太的丈夫和朋友合伙开了一个小公司，每年能够分到的纯利润只有 50 万元左右。

当初王太太决定辞去工作回家当全职主妇时，亲戚朋友都很不理解。"大家劝我还是回去工作比较好，不管赚多少，至少和老公吵架的时候会有底气。"

"以前我工作工资不高，请保姆还不如自己看。最关键的是，当时老公决定下海做生意，非常忙，不能和以前一样有时间照顾老人和孩子，所以我就决定辞职了。"

王太太辞职后的生活和上班时一样规律。"每天光准备三餐就够我忙的了，"王太太说。每天早上不到7点她就要起床做早餐，然后送孩子上学，又要买菜做午饭，接孩子吃完午饭，午睡后又要送孩子去上学，晚上还要辅导孩子写作业，每天循环往复。

"每天柴米油盐酱醋茶，各项开支从我手头过，我对消费的自我掌控能力很强，慢慢地也攒下了一些钱。"

在家多年，王太太和老公在财务上没有分开管理，理财方面一直是他们一起决定的。

王太太表示现在家里的经济状况还好，不过孩子还小，全家只有一人工作，并且丈夫的公司业务不是很稳定。"公司之前一直不顺利，最近两年才趋于稳定，如果又遇到什么问题停摆了，我们只能坐吃山空。"王太太说，"现在家里有一点闲钱，基本都存入银行，或者购买了基金和股票，我在想有没有什么更好的方式可以让我们家应对危机呢？"

案例启示

王太太的家庭情况比较特殊，先生是创业者、小企业老板，本人是全职太太，在家照顾孩子。和传统的双职工家庭相比，这种家庭的经济来源只来自一人，并且具有不稳定性，但是开支并不比其他家庭少。因此在进行理财规划时，最重要的就是保证经济来源持久稳定，此外就是对现有资金进行合理安排，保证未来家庭生活无忧。

在单收入家庭中，经济来源只来自一人，对于全职太太而言，一定要做好先生的保险保障工作。

人身保险是首先需要考虑的。如果孩子还年幼，未来开支会不断上升，那么最好投保保额超过100万元的定期寿险产品。可以把保险期限设为20年，即等到儿子大学毕业，有能力求职赚钱为止。还可以配合投保意外伤害保险，费率相对比较低，同时还能有意外医疗保障。如果双方喜欢旅行，建议每次出行前也投保旅游意外保险。如果先生平时出差比较多，也可以考虑交通意外保险等。所有这些人身险保障都是为了在"顶梁柱"无法为家庭继续获得收入时，维持一段时间的家庭经济水平。

其次，要想积累更多的家庭资产，投资理财必不可少。单收入家庭不妨利用闲暇时间掌握一些投资的基本知识，在筛选理财产品时可以更具判断力。

11.3.5 小城市家庭理财：三线城市中等家庭如何理财

根据我国国情，我们居住的城市被划分成了几个等级，一线城市包括北京、上海、广州、深圳等，生活节奏很快；二线城市包括南京、重庆、青岛等经济发达地区，生活节奏比一线城市慢了一些，但还是比较适合居住的。而一些三线小城市生活节奏慢不说，工资水平、消费水平都不高。那么，像这种三线城市的市民应该如何进行家庭理财呢？

◆ **生活案例**

彭先生家庭年收入为15万元，目前家庭储蓄有2万元，夫妻二人都有五险一金，属于三线城市中的中等水平家庭。两人目前有一个4岁的儿子，每月需还房贷2 000元，还需1年就可还完。家庭生活开支每月3 000元，孩子的日常花销每月800元，过年花费8 000元，物业费每年1 800元。彭先生希望提供给妻儿老小更优质的生活，还希望未来3年内可以购买一辆15万元之内的汽车，同时可以每年带着妻儿老小出国旅游一次。

按照现在的家庭收支状况，彭先生感觉很头疼，怎样才可以在满足生活需求的同时，实现这些愿望呢？

---案例启示---

众所周知，三线城市的生活节奏很慢，人们没有很大的生活、工作压力，仿佛是一个和谐的大同社会，但是每个人都不会一直满足于最基本的温饱，大家都想拥有更好的生活。所以，进行合理的家庭理财规划是很有必要的。

1. 初级理财：从储蓄开始

所有想要进行家庭理财的家庭都大致相似，首先从储蓄、存钱开始。储蓄是把夫妻双方的工资，扣掉每个月的开支，将剩下的钱存起来。储蓄是存钱的变相形式。对于一个家庭来说，理财是不可被忽视的，其直接关系到家庭未来的发展方向，正所谓经济基础决定上层建筑。

2. 终极理财：建立投资方案

居住在三线城市的人，习惯了悠闲的生活，可能不会为了赚钱而削尖脑袋。如果单靠每个月的工资，家里的财政来源是不会有太大变化的，这就需要另找出路。投资的渠道有很多，在股市动荡、银行双降的大环境下，互联网理财是比较靠谱的。在众多的互联网平台中，选择优秀的理财平台，低中高收益、长短期分散投资，随着储蓄的增加，一点点增加分散度，建立合理的互联网理财投资方案，终能获取良好的收益。

11.3.6 出国理财：出国留学家庭如何理财

近几年来，随着国民生活水平的提高，许多家长都想把自己的孩子送出国继续深造，从而引发了新一波的留学热潮。子女出国留学不仅可以提升自己的专业素养，还能开阔眼界，增长见识。但是，国外消费水平高，留学学费也不是一笔小数目，这大大增加了家庭的教育经费支出负担。为圆子女的出国梦，很多父母不得不节衣缩食来支持孩子的学业。而合理的资产配置、恰当的理财规划才是实现子女出国留学愿望、缓解出国留学家庭生活压力的法宝。

1. 改变消费习惯，勤俭节约

积累财富不外乎开源和节流，二者是同等重要的。省钱就等于赚钱，因此，家庭理财第一要义就是"节俭"。改变消费习惯，是家庭理财的第一步，从而为孩子上大学及大学毕业后出国留学准备充足的教育经费。

2. 配置长期理财产品

鉴于有帮助子女出国留学的打算，就要提前准备这部分教育经费。孩子的教育经费是刚需，用来投资时尽量选择稳健型的理财产品，在保证本金的前提下，最大化地实现较高的收益。如果孩子还小，可选择每月基金定投的方式进行投资，如果已经有一定的经济基础，留存了一些额度的留学教育经费，那么可拿出这部分钱购买安全性高、收益稳定的互联网理财产品。

> **小贴士**
>
> 如果拿孩子的出国留学经费进行理财，那么对于股票等高风险投资，持有比例最好不要超过10%。

第12章
资产配置入门,让理财变成习惯

随着社会经济发展水平的不断提高,居民的家庭财富也在与日俱增。如何管理好自己的家庭财富,如何通过投资或者储蓄让自己的财富保值、增值,是一件十分重要的事情,必须认真对待。而财富管理中最重要的就是做好资产的合理配置。那么,什么样的资产配置才是合理的呢?

12.1 不同资金量的资产配置方案

资产配置是决定中长期投资成败的关键因素。个人和家庭要想达到理财的最终目标,应该将个人和家庭的风险降到最低,合理进行资产配置,把钱放对地方,在能接受的风险范围内获取最高的投资收益。

12.1.1 10万元如何做好短期资产配置

生活中难免会遇到急用钱的情况,缺一分钱都可能会带来不少麻烦,虽然贷款也可以解决一时之急,但是一般情况下,申请个人应急贷款的手续非常烦琐,需要比较长的时间去准备与处理。那么，有没有比较简单的理财方法以获取应急资金呢？当然，非短期理财不可了。

虽然现在银行储蓄人数与金额在不断下降，许多长期理财产品的客户也在减少，但是传统理财依然是金融界的主体。然而，一旦遇上急需钱的情况，这些长期理财产品并不能解燃眉之急，这时就需要一些短期理财产品来弥补传统长期理财产品的不足。目前大部分选择短期理财产品的都是一些小客户、个体或者散客，但是由于短期理财产品的流动性更强，所以投资金额高又需要流动性资金的投资者也可以选择这种理财工具。那么，心理预期投入10万元在短期理财产品上应该如何分配呢？

◆ **生活案例**

邹先生今年25岁，在沈阳一家软件公司上班，目前月薪5 000元，年终奖2万元。因为软件设计能力突出，他经常被一些企业或个人邀请协助改进公司软件，所以每年兼职收入3万元左右。邹先生每月生活支出大约2 000元，有五险一金，父母身体健康，均有收入，目前来说邹先生没有什么后顾之忧。邹先生打算和女友在年底趁过年有活动买房结婚，目前有闲置资金10万元用于支付房子首付，但距离年底只有3个月了，邹先生不想将这10万元放在银行，他希望可以通过理财获取一些收益，从而缓解结婚压力。

案例启示

邹先生用于支付房子首付的10万元并不是一笔小钱，但是3个月后就要使用，此时最适合进行短期理财了。因付首付的资金是不能有损失的，所以只能投资一些稳健型，甚至是保守型的理财产品。可以将10万元拆分开来，按照一定比例投资流动性强的货币基金、固定收益类理财产品、纯债券基金、P2P理财产品。邹先生的理财不能只看高收益，而更应该重视保本。

12.1.2　50万元闲置资金如何灵活配置获取高收益

◆ **生活案例**

白起和妻子刚过而立之年，有一个2岁的女儿，目前交给已经退休的父母照顾。白起每个月的收入有8 000元，妻子每个月收入有6 000元，两人的年终奖为1.5万元，均有五险一金。目前，家庭每个月生活开支在6 000元左右。通过多年积累，夫妻俩买完房后还剩50万元结余，因两人工作较忙，目前这笔闲置资金基本存成银行定期存款和活期。现在银行存款利息降低，白起想选一些高收益的理财方式，从而获取更多收益。

案例启示

根据白先生与妻子的财务情况可知，两人每年的总收入为 18.3 万元，除去 7.2 万元的家庭生活费用，每年可以结余 11.1 万元资金。此外，两人没有还贷压力，生活质量整体看起来不错。但在家庭资产配置方面存在不足，50 万元闲置资金放入银行定期，一年收益只有 7 500 元，如果购买年收益为 5% 的理财产品，则投资一年就可以获取 25 000 元的收益。因此，不能把钱全部存入银行，需要学会灵活配置，选择一些其他理财方式。

1. 由活期转"宝宝"类货币基金

50 万元闲置资产需要拿出一部分作为家庭备用金，家庭备用金一般是 3～6 个月的家庭月开支。上述案例中，白先生夫妻每月生活开支为 6 000 元，家庭备用金需 1.8～3.6 万元，这也是一笔不小的资产，不妨把这部分资金配置"宝宝"类理财产品，还可以享受 3% 左右的收益，资金也能随用随取。如果需紧急使用资金，可以随时拿出来使用，可以替代活期存款。剩余的存款，另作其他配置。

2. 储备孩子教育金

虽然案例中白先生的女儿只有 2 岁，但是马上就要准备上幼儿园了。未来除了要准备孩子上学的基本费用，还有各种各样的培训费，如学乐器、学跳舞等，所以建议孩子的教育资金从现在开始储备起来。储备孩子教育金可以选择基金定投的方式进行，每月定期定额储备，长期投资还可以享受复利收益，或者配置儿童教育类保险。

3. 剩余存款灵活配置

白先生家买完房子，还有 50 万元的存款，如果这笔存款暂时不用，最好选择中长期的投资产品，锁定收益。采取多元化投资策略，起到分散风险的作用，可以拿出 30 万元配置互联网固定收益类理财产品，1 年可以享受 8% 左右的高收益，30 万元投资 1 年就有 2.4 万元的高收益。剩下的 20 万元购买纯债券基金或者银行理财产品，1 年也可以享受 4%～5% 的收益。此类产品安全性都比较高，比较适合家庭进行稳健理财。

4. 配置保险

白先生夫妻都是家庭经济来源者，所以两人的保障方面要非常重视。除公司缴纳基础社保外，夫妻两人最好各自配置一份商业保险，如医疗险、养老型保险、意外伤害险与重大疾病险等，以补充社保的不足，但是家庭的总保费最好不要超过家庭年收入的 10%。

12.1.3 预期投入 100 万元，如何进行合理的资产配置

◆ **生活案例**

曹凡博士毕业以后就进入一家设计院工作，年底评到新职称，工资提升，目前

年薪 25 万元。虽然在设计院里曹凡的收入只是中间水平，但是和其他行业工作岗位相比，工程师的收入还是不错的。曹太太在一家大公司从事人力资源管理，每月收入 7 000 元左右。目前曹凡家庭积蓄有 100 万元，另有 20 万元购买了黄金。曹凡希望将积蓄合理配置，实现高效理财。

案例启示

曹先生是工程师，属于技术型工作，收入比较稳定，以后也会水涨船高，可以预见未来收入是很有保障的。曹太太的工作相对也比较稳定，从家庭收入来看，基本处于中产家庭收入水平。此外，曹先生家庭储蓄较多，投资理财比例太少，这样的资产结构不利于总体财富的增值，需要改进。如下是一些投资建议。

1. 降低储蓄至 15% 左右的水平

储蓄在目前的低利率时代，不再适合作为资产增值的方式。银行的活期储蓄利息只有 0.35%，一年期定期的利息只有 1.5%。如果存款 10 万元，连续以一年期定期并且复利的方式存款，10 年后到期也只有 1.6 万元的利息收益，增值非常少。因此，建议在预留合适的家庭备用金以后，其余的都用于投资理财，以增值财富。储蓄的比例可以从目前的 83.3% 左右，降低到 10%～15%。

2. 50%～70% 配置稳健型理财产品

投资方面，建议主要配置稳健型理财产品。稳健型理财产品的好处为投资更安全，并且对于案例中曹先生的家庭来说，如果有了小孩，以后的花销会逐步增加，如在教育方面的投资等。因此，整个家庭的财务规划还是应该以稳定增值为主。投资方式可以选择平均收益率在 4.5%～5.5% 的银行理财产品，或者是互联网固定收益类理财产品、纯债基金，投资收益率更高一些。这些都可以作为家庭理财的基础配置之选。

3. 其他投资类型的选择

对于购买的黄金，可以继续持有，但是需要谨慎对待增持。现在的黄金价格受到美联储未来预计加息的影响，在美元走强之下，黄金价格很难有所上涨，因此增持黄金需要谨慎。而其他投资，如风险较高的股票，建议可以配置一些股市中估值不算高的大盘蓝筹股，但也要注意投资的比例，不可以超过投资资金的 20%。

4. 增加个人收入，管理零散资金

除此以外，如果有可能，在不影响工作的前提下也可以适当做一些顾问类的兼职工作，收取一些服务、咨询费用来增加个人收入。而在家庭的生活理财中，可以使用互联网工具进行零散的资金管理，比如用余额宝管理银行的活期存款等，既不影响资金使用的灵活性，还可以获得 3% 的收益。

总的来说，对于像曹先生这样以男性的技术性工作收入为主收入的家庭，最好进行稳健型投资，相信在家庭成长期间内的财富增长还是比较可靠的。

12.1.4 自由职业者如何配置资产实现财务自由

◆ **生活案例**

王斌和妻子都是自由职业者,两人每月工资收入基本维持在1.7万元左右,年底分红收入2万元。目前家中每月生活开支4 000元左右,需还房贷4 000元,两人购买保险每年需支出6 800元,每年其他支出约7 000元。在家庭资产方面,两人拥有活期存款5万元,定期存款30万元。另投资股票30万元,拥有一套自住房,价值160万元,还有一辆价值20万元左右的代步车。王斌和妻子希望在两年内生孩子,他希望在保证资金安全的基础上通过资产合理配置令财富增值,实现财务自由。

案例启示

王斌和妻子的年收入是22.4万元,家庭年支出为17.1万元,每年可以结余5.3万元。同时,王斌家庭总资产已经达到245万元,基本可以算作中产阶级家庭。不过,目前王斌家庭在财务方面还存在一些问题,比如,家庭年支出占比过高,不利于财富积累;银行存款过多,收益率低,不利于财富增值;股票投资风险太大,如今股市震荡,风险加大,不一定能保证资金安全。

自由职业者没有单位提供的社会保障、医疗保险,每月的收入有高有低,非常不稳定。对于上述案例中王斌的家庭来说,为了避免日后入不敷出的尴尬境况,一定要做好理财规划。

1. 准备生活备用金

王斌和妻子的收入虽然比较高,但是两人工作不固定,在做家庭资产配置时,首先要准备一笔流动性资金,作为家庭的生活备用金,可以按照3～6个月的家庭月支出标准来准备。王斌家庭每月支出较高,作为生活备用金也是一笔不小的资金,建议存余额宝等"宝宝"类理财产品,1年有3%左右的收益,要比0.35%左右的活期存款收益高得多。

2. 必须减少家庭不必要的支出

王斌家庭每年的支出占年收入的76.33%,比值比较高,非常不利于家庭财富的积累。因此,在生活中必须减少家庭中一些不必要的支出。记账是最好的控制支出的手段,通过一些即时记账软件为家庭建立收支账本非常重要。

此外,王斌夫妻两人最好积极增加收入,首先夫妇俩是自由职业,可以趁年轻争取努力赚到更多钱;其次学会利用投资工具,令闲置资金增值以获得额外收入。

3．增加稳健投资比例

如今，股市震荡加剧，令很多新股民深刻体会到股市的风险，之前那种躺着也能赚钱的日子已经过去了，股市风险进一步加大，也考验着股民的心理。因此，投资者如果投资股市一定要谨慎，千万不能盲目进入。在股市方面，最好减持投资，可以转为一些间接投资股市的由专家把持的投资品种。其次，王斌家庭有30万元的银行定期存款，每年的收益率很低，可以配置成一些低风险的固定收益类品种，年收益率在5%～8%，收益也不错，这样在保证本金安全的基础上，每年的财政收入也实现了稳定增长。

4．配置保险

王斌和妻子都是自由职业者，又都是家庭经济来源者，但是没有购买任何保险，一旦遇上意外事件，家庭负担会突然加重，为此建议王斌夫妻首先配置一些商业保险，以纯保障类品种为主，包括养老型保险、重大疾病险与意外险等，提升家庭的整体保障。

王斌家庭按照这一理财规划，不仅可以保证家庭的资产安全，还可以通过合理的投资方式令家庭财政收入实现稳定增长，夫妻二人也有了一定的保障。另外，在未来孩子的教育金方面，也应提前储备，可以采取定投类方式。

12.2 根据家庭收入水平来选择投资产品

社会经济发展迅速，人们的生活水平和可支配收入有了一定的提高，伴随而来的是人们对理财需求的增加，尤其是在互联网理财时代，更是诞生了众多新的理财产品和渠道，使理财变得更加方便、快捷。

12.2.1 年收入10万元以下的家庭如何理财

"理财是有钱人的专利"，这种论调在社会上流行已久，乍一看确实有点道理，月薪4 000元，在一二线大城市估计租房就要花掉一大半，剩下那点可怜的钱谈什么理财呢？但是要相信，的确有人每月拿着4 000元的工资，通过合理的资产配置，实现了财富的稳步增长，超越了同一薪水层次的人。

1．强制储蓄

月薪4 000元在如今社会可以说是一个不上不下的薪水层次，而在北上广等一线城市是很低的薪水水平，根本不够养家糊口。但就算是这样，我们也不能放任自己成为"月光族"。每个月发工资后应强制存下一笔钱，哪怕只有100元也好。任何财富都是建立在一点一滴的积累之上的，这笔钱在时间作用下会变得越来越明显。如果一开始就小看了这笔钱，那么真的不用奢望理财了。同时，强制储蓄可以帮助我们形成良好的消费、储蓄习惯。在消费之前，可供消费的数额已经被确定，绝对不可以出现过度消费或者超前消费。坚持强制储蓄，你会从一开始的"受虐"，逐渐变成"享受"。

2. 把钱放在正确的地方

月薪4 000元，可供投资理财的资金已经非常有限，所以更应该仔细计算每一笔存下的钱投往何处，令每一分钱都最大化地发挥作用。

从风险程度来分析，银行定期储蓄、购买理财产品、余额宝等货币基金都是风险较低，收益也比较低的投资类型。对于刚开始没有多少积蓄的"月薪4 000族"，可以先考虑投资"宝宝"类理财产品，积沙成塔，形成一定的资金规模之后再去投资其他收益更高，门槛也更高的理财产品。把一个"宝宝"当作"凑整"的钱包，只要有一笔整数，就可以考虑把钱转移到收益相对较高、管理起来又不太费事的投资渠道。

3. 股市风险需谨慎

股市投资需要较强的判断力，况且在中国股市，不确定因素太多，作为资金有限并且来之不易的"月薪4 000族"来说，还是不要冒太大风险。当然，如果有十足的胜算则另当别论，毕竟股市的收益更高。如果不敢投股市，又不死心，那么可以试试互联网基金定投。

> **小贴士**
>
> 基金与股票不一样，做定投的，一定得耐得住性子，最好不要天天关注，否则不仅浪费精力，还会折腾心智，并且不一定可以预测成功，定投贵在坚持。

4. 尝试新兴理财方式

近年来新兴的P2P理财平台虽然存在诸多问题，但选择好的P2P理财平台收益率可以保证在10%左右。目前网上有很多P2P平台可供选择，选择那些大型的P2P平台或者"背靠大树好乘凉"的理财平台，风险一般比较小。选择P2P理财产品最好选择保障本金的或者保障本息的产品，但这种理财产品收益率相对较低。另外，P2P理财产品尽量选择分散投资，这样安全性更高。

月薪4 000元的人不要每天做着一夜暴富的美梦，而要通过理智及坚持投资实现财富的增长。此外，还有非常重要的一条，就是不断提高自己的专业技能，实现收入的增长，并且不断学习理财知识，这样财富才会来得更加轻松。

◆ **生活案例**

原阳今年 24 岁，大学毕业刚一年，现在在北京一家传媒公司工作，月薪 4 000 元左右。他的女朋友在一家公司做文员，月薪 3 000 元左右，两人一起过着艰苦的"北漂"生活。

目前两人同居，收入和开支也在一起，每月开销总计在 4 000 元左右，现在两人拥有存款 1 万元。

原阳打算过几年和女友结婚，但是目前存款太少，并且消费支出越来越多，他想要做一个合理的理财规划，从而可以尽早结婚。于是，他找到做理财的朋友。

朋友告诉他，以他目前的情况，存款太少，但是至少也要留出 3 个月的紧急备用金。准备好紧急备用金后，再拿多出来的资金购买货币基金或者债券基金，安全、有保障，收益比放在银行高很多。

如果时间和精力允许，可以通过兼职获取额外的劳动报酬，并且养成记账理财的好习惯。对于现阶段，可以主要以储蓄为主，由于每月资金剩余不多，可以考虑基金定投。

如果没有购买意外险，那么首先要给自己投一份保险，保额可以设置为 20 万元。

> **案例启示**
>
> 上述案例中，因为储蓄不多，才更要理财。只有通过理财，才可以使自己的财富更上一个台阶，才可以令自己走出拮据，才有可能成为富翁而不是"负"翁。

12.2.2　年收入 30 万元的家庭如何理财

◆ **生活案例**

陈女士和丈夫有一个正在上幼儿园的女儿，孩子马上就要上小学了，夫妻两人希望让孩子上一所好一点的学校，于是两人决定尽快帮孩子储备一笔教育资金，购买一套学区房。

陈女士目前年收入 16 万元，丈夫年收入约 14 万元，家庭年收入约为 30 万元。在支出方面，陈女士为女儿购买了大病保险和意外保险，每年 5 930 元；她本人购买了大病保险，每年 4 620 元，替丈夫购买的大病保险每年 4 740 元。除此之外，陈女士一家每年固定支出为 6.57 万元。

目前，陈女士一家购买了保本类理财产品 4 万元，黄金理财 1.3 万元，债券基金 3 万元，股票基金 1 万元，有一套市值 300 万元的房子。

> **案例启示**
>
> 　　从陈女士目前的家庭收支及资产配置情况来看，夫妻两人可以加重自身的保险比重。陈女士和丈夫都是家庭经济来源的支柱，身兼抚养孩子和赡养老人的双重责任，因此建议二人增加保障型定期寿险的比重。
>
> 　　此外，陈女士的女儿已经上幼儿园，可以为孩子准备教育金了，建议选择互联网基金定投的方法，或者购买教育金保险，每月或每年投入，等到孩子上高中、大学后就可以使用。
>
> 　　1. 购买教育金保险或基金定投
>
> 　　选择专门的教育金保险产品，缴费期间可以选择10年或者15年。孩子上幼儿园期间每年可缴费7万元，上学之后每年返还分红，15年后可以储备100万元左右的教育金储蓄。此外，还可以选择每月基金定投的方式，每月定投4 000元，按年化收益率6%计算，15年后可获取118万元教育储备金。
>
> 　　2. 增加保费豁免
>
> 　　目前陈女士的女儿已经有了大病保险和意外保险，建议这两个保险产品要结合保费豁免，以防万一。
>
> 　　3. 换学区房
>
> 　　一般来说，学区房要住满3年之后才可以进去该校区学习，因此建议陈女士尽早购买学区房。陈女士目前的房产价值300万元，可以出售目前的房产，拿出其中的180万元作为学区房的首付，申请20～30年的贷款。剩下的120万元可以拿来投资。

12.2.3　年收入百万元的家庭如何理财

◆ 生活案例

　　常先生今年42岁，在上海一家外企公司任高管，年薪百万元，公司有购买养老保险和重大疾病险。常先生的妻子今年38岁，是一名自由职业者，年收入15万元左右，没有公积金和社保。两人有一个孩子，今年10岁，正在读小学，每年学费与生活费支出需要5万元左右。常先生夫妻双方的父母都有退休金，每年的赡养费2万元。目前常太太怀有身孕，准备年底生二胎，现在没有任何收入。常先生夫妻两人每月生活费2万元左右。

　　在投资方面，常先生一家有90万元活期存款，100万元基金定存，50万元投资黄金和收藏品，股市投资50万元，已经亏损20万元，200万元购买了信托产品。此外，常先生有一套自住房，价值280万元，另有一套用于投资的房子，价值200万元，一直在升值。家里还有一辆价值45万元的代步车。常先生家中"财多"，打理起来并不容易，他希望可以找到合理的家庭理财规划。

第 12 章 资产配置入门，让理财变成习惯

▎**案例启示**

常先生一家是典型的高收入家庭，家庭收入增长稳定，目前年收入可达 115 万元，基本属于不愁吃穿的类型。因此，常先生在家庭理财时主要注意以下几个方面：选择合理的投资方式令家庭资产保值、增值；合理避税；为孩子储备教育金；不断完善家庭保险。

1. 选择合理的投资方式

在投资方面，建议采取组合投资策略，除房产投资与直接投资金融产品外，还应该减少高风险的投资，减少损失。比如，股票投资 50 万元，目前已经亏损 20 万元，应该立即改变投资策略，可以选择一些比较稳健的投资方式。此外，活期利息比较低，90 万元如果用来购买一些高收益的互联网理财产品，收益是翻倍的，常先生要想使家庭资产保值、增值，就必须调整投资方案。

2. 合理避税

合理避税对于高收入家庭理财也是一种重要的方式。常先生可以利用国家税法规定的免征额、起征点及不同的税率做到合理避税，也可以通过购买保险与信托来做到合理避税。

3. 为孩子储备教育金

孩子的教育费用以后也会成为高收入家庭理财中很重要的一部分。常先生的第二个孩子即将出生，可以开始储备孩子的教育资金。手中的一部分资金可以存入银行，另一部分资金拿来进行稳健型投资。此外，常先生可以根据家庭的实际情况选择其他的家庭理财方式，如纯粹的教育金保险。

4. 不断完善家庭保险

保险可以起到一定的避险作用，是必不可少的一种家庭理财方法。常先生是企业高管，可能需要经常出差，公司已经为其购买了养老保险与重大疾病险，建议自身再配置一份意外保险作为补充，提高个人保障。此外，常先生的太太是自由职业者，目前已怀有身孕，没有购买任何保险，建议先购买母婴保险以保障母子的健康。另外，常太太也需要参加商业保险，先购买基本的人身保险、养老型保险，还可以搭配重大疾病险、意外伤害险。对于 10 岁的孩子，可以为其购买少儿教育险。

第13章
互联网理财的安全管理

互联网理财很热,但是我们的脑子不能热。网上收益高的理财产品层出不穷,我们应当如何鉴别这些产品的真假,防止上当受骗呢?本章内容将帮助读者对互联网理财的安全问题进行解答。

13.1 警惕网络安全,管好自己的钱袋子

近年来网络理财产品风生水起,吸引了众多投资者。然而,在投资呈现一片热潮的同时,网络理财的各种风险必须受到重视。

13.1.1 电脑端网上理财安全问题

随着网上银行功能的日益强大,在方便用户的同时,也带来了新的风险。互联网理财用户大多都是绑定网银进行投资理财,如何看好自己的网上"存折",是一个值得重视的问题。许多投资者认为,只有在网吧等公共场所使用网银转账购买理财产品才会有危险,而自己在家用自己的电脑进行网上理财一定是安全的。这么想就

大错特错了，即使使用自己的电脑，也应该做到以下几点，才能保证理财的安全性。

1. 采用安全证书

申请正规、专业的硬件数字证书进行网上银行交易。如果只使用普通的数字证书，那么犯罪嫌疑人只要通过木马程序把数字证书文件导出后连同账户密码一起窃取，就可以登录网上银行进行操作。而硬件数字证书不能通过技术手段窃取，即使犯罪嫌疑人拿到账户密码，也不能登录网上银行。

网上银行用户应该避免在公用的电脑上使用网上银行，以防数字证书等机密资料被他人窃取，从而使网上身份识别系统被攻破，网上账户被盗用。

2. 设置保密密码

密码应该避免和个人资料有关系，不能选用太过容易猜到的数字，如身份证号码、出生日期、电话号码等。建议选用字母、数字混合的方式，以提高密码的破解难度。密码应该妥善保管，不要写在纸上。尽量避免在不同的系统中使用相同密码，否则密码一旦遗失，后果将会不堪设想。

网上银行使用完毕后，一定要注意单击"退出交易"选项，清除电脑上暂存的会话密码及交易内容，并且关闭所使用的浏览器，全方位地保障账户资金的安全。

3. 利用网络对账

投资者应该对网上银行办理的转账与支付等业务做好记录，定期查看"历史交易明细"，定期打印网上银行业务对账单，如果发现异常交易或者账务差错，立即和银行联系，从而避免损失。此外，现在很多银行都开通了"手机银行""短信提醒"等业务，客户在申请此项服务之后，银行会按照客户的要求，定期把网上银行的资金情况用手机短信的形式告知客户，以便及时发现各种账务问题。

 小贴士

> 每次登录网上银行之后，一定要留意"上一次登录时间"的提示，查看最近的登录时间，保证网上银行正常登录。

4. 小心不明软件

即使使用自己的电脑登录网上银行，也要安装杀毒软件与安全防火墙，在上网时开启病毒实时监控系统，尽可能地使用软键盘输入密码，防止个人账户信息被黑客窃取，确保即时监控与随时杀毒。

木马是一种特殊的病毒，往往会在用户浏览不明网站、下载软件、打开邮件时入侵用户电脑，因此，在下载软件时应该到知名专业软件网站或者比较正规的网站下载，尽量不要打开来路不明的电子邮件，更不能浏览一些携带链接的不正规的网站。

◆ 生活案例

李先生在家打网游，看到有人在聊天频道喊话，低价出售装备。李先生很感兴趣，就加了对方提供的QQ，与对方取得了联系。对方要求李先生去一家知名的网游交易平台进行交易，并且提供了商品的链接。

李先生用网银支付购买后，页面提示交易未成功，对方就提供给李先生一个交易平台的客户QQ，让李先生自己和客服联系。

客服要求李先生提供姓名和身份证号码等信息进行核对，李先生如实提供后，客服发给他一个退款链接，但是李先生打开链接后，却是一个授权支付的界面。李先生不知道如何操作，客服便提出远程协助他完成退款操作，李先生便同意了对方通过QQ远程控制自己的电脑。授权完成后，李先生才感到对方操作可疑，于是立马终止了对方的远程操作。

李先生立马去查看自己的网银交易记录，发现已经有6 000元的支付记录。其中1 000元购买了手机充值卡，但是充值卡却不知去向。剩下的5 000元也不知去向。

— 案例启示 —
用户应警惕骗子发来的不明链接，不管是短信链接还是QQ链接，即使使用的是自己的电脑，也不可掉以轻心，更不能让对方来远程操作。

5. 网银安全环境也需要自己配置

自从网银个人信息安全问题被"3·15"公开揭露后，网银的安全问题就变成了人们的关注重点，也引起网银用户的空前重视。个人信息大量泄露、客户资金被盗等问题令网银用户每日提心吊胆，甚至有的用户已经放弃了移动互联网支付。

但是黑客的行动并没有因被曝光而有所收敛，巨大的经济利益诱使他们顶风作案。近年来，各大媒体频繁发布质疑网银安全的报道，这令原本就担惊受怕的互联网金融用户更加提心吊胆。难道网银安全问题真的如此严重吗？

其实，网银的安全问题不只是与银行设置有关，更与用户平时使用不当有关。即使网银安全环境有所保障，用户也要自己进行相关配置，提升自我保护意识，学习互联网使用安全常识。

6. 小心假冒网站

有时候一些低级的小错误可能导致严重的后果，而这些小错误是完全可以避免的。直接输入所要登录的银行网站的地址才可以确保登录正确的银行网站，不能通过其他链接进入，这样可以有效地防止遭遇钓鱼网站欺诈。

7. 异地登录要小心

不能在自己不熟悉情况的电脑上登录网银，如网吧或者他人电脑。还应该注意的是，不要在不明情况的局域网上登录网银。

8. 设置资金限额

几乎所有的网银都可以设置网上转账的最高额度，用户可以根据自身的情况，设置合理的转账额度，在账户遭到入侵时，可以减少一定损失。

用户经常需要转账的网银账户中不要放置太多大额资金。

养成良好的使用习惯才是有效保障网银安全的关键。

◆ **生活案例**

王先生购买的理财产品选择的是到期后本息自动转入银行卡，前几天刚好有一款理财产品到期，本息共计11万元，转入到他购买理财产品的银行卡里。由于时间太长，他早已忘记这张卡里有十几万元钱，于是他在某购物网站购买了一条裤子，用该银行卡的网银付款。付款后，客服告诉他库房没货了，可以给他申请退款，并发给他一条退款链接，表示点击该链接可以多退王先生20元钱，从而弥补工作失误。王先生点击了客服提供的链接，却发现是一个授权银行账户支付协议签约的界面。

王先生心生疑虑，但客服表示，这是内部核对信息，只要按照提示完成操作，收款人就会把货款外加福利发给王先生。犹豫之后，王先生按照客服的提示完成了授权操作。

几分钟之后，王先生收到了银行发来的短信，提示自己的账户刚刚操作了一笔3万元的转账。过了一会儿，又有一条短信通知他刚刚转账3万元。王先生不记得自己这张卡里有这么多钱，也不敢确定短信的真实性，于是立马挂失了自己的银行卡，并且质疑网站客服。然而，网站客服不仅没有失联，反而表示刚刚转账时提示对方挂失，货款未转成功。

王先生依然想要收回购物的资金，于是提供了另一张银行卡，此次，客服又一次和王先生要授权。王先生感觉此事蹊跷，没有提供，两人进一步交涉，最终王先生也没有追回自己的损失。

案例启示

受害者购物被骗大多数都是完成支付后被骗子联系，提示交易失败，发送虚假退款链接给受害者，以获取受害者授权或手机验证码，从而入侵受害者网银。如果受害者按照骗子的指示操作，就是授权骗子可以操作自己的网银，只需几分钟，骗子就可以转移受害者的大量资金。因此，网银用户平时购物的银行卡一定不能和理财的银行卡相同，用于购物的银行卡也不要放入太多资金。

13.1.2 移动端网上理财，小心二维码病毒

以前逛街带现金，后来带银行卡、信用卡，现在只需要一部手机就可以搞定。随着微信、支付宝等各种 App 的更新迭代，手机支付已经成为人们日常支付的重要手段，甚至去菜市场买菜、路边买水果，都可以刷二维码支付。因为手机小巧、操作方便，人们越来越习惯拿着手机进行理财产品的申购、赎回。

虽然手机支付如此方便，但是陷阱也随之产生，由于手机信息泄露，导致支付宝、微信、网银 App、理财 App 中的钱被悉数转走的事件屡见不鲜。而这些不幸之所以会发生，大多数都是因为大家在使用手机支付时有一些不好的习惯。

1. 见二维码就扫

二维码的背后可能隐藏着病毒，许多人为了贪小便宜，赚商家或个人发放的小福利，见到张贴的二维码就扫，从而手机及个人信息很轻易地就被别人盗取了。

2. 随意点击手机短信链接

不法分子无孔不入，各种各样的诈骗信息令用户防不胜防，只要用户点了诈骗信息中的不明链接，就会安装木马或者登录钓鱼网站，对方即可通过手机后台记录用户的账号密码、资金情况。因此，对于收到的活动奖金、邀请查看相册、提示密码出现问题的短信中的链接，都不要随便点击。

3. 在手机上存储敏感信息

许多人喜欢用手机记录一些重要的信息，如个人账户、密码等，一旦手机丢失，手机没有设置密保，这些信息很容易被他人获取。

4. 下载山寨软件

有的人看见 App 应用就下，也不看来源，这是很不好的习惯，最好选择大型的应用商店下载 App，最起码不会出现木马病毒。

5. 换手机时不删除私人信息

很多人换手机速度奇快，往往新手机到手，旧手机也才使用不到半年，于是在网上出售旧手机，出售前只做了简单的删除，没有恢复出厂设置，导致购买了旧手机的人可以获取里面的信息。

6. 不加辨别蹭免费网络

公共 Wi-Fi 经常被不法分子移植木马及钓鱼网站，安全隐患很多，可以分分钟盗窃个人信息。

7. 应用程序退出不彻底

应用虽然被关闭了，但其实它还在后台运行，有的用户自以为自己关闭了携带木马程序的应用，但是后台管理处依然可以看见该应用的身影。

8. 直接通过手机浏览器购物

在手机浏览器购物非常容易遇到钓鱼网站，如果可以，尽量从正规应用商店下载购物 App，在 App 中支付购买。不法分子会通过病毒、钓鱼网站等非法手段获取消费者的一些信息，再加上支付过程的极度简化，更容易对消费者的财产造成威胁。

9. 蓝牙保持开启状态

智能手机可以通过蓝牙传播病毒，通过蓝牙间谍软件也可以查看用户的电话本、信息、文件，修改音量，替用户拨号等。

10. 不设手机屏保密码

许多人为了省事不喜欢设置手机密保，如果在外手机随意放置，那么任何人都可以翻看手机信息，毫无隐私。

◆ **生活案例**

周先生为了上网方便，将手机设置成自动连接 Wi-Fi 模式。一天，周先生和朋友在饭店吃饭，搜到一个可以直接登录的免费 Wi-Fi，周先生以为这是商家提供的免费 Wi-Fi，便连接了，并登录自己的手机银行查询了一下银行卡账户余额。第二天，周先生醒来收到一条短信，提示他该银行卡刚刚被消费 2 000 元，之后半小时，周先生又陆续收到银行卡转账或消费的短信提醒。

案例启示

不法分子经常会在公共场所提供一个免费 Wi-Fi，用户连接后，手机很容易被植入木马病毒，如果通过手机查询银行卡信息、输入密码，就会导致信息泄露，从而被盗刷银行卡里的钱。

13.1.3 常见的互联网金融理财诈骗手段

互联网科技的高速发展带给人们很多便利，但与此同时，骗子也利用互联网科技设置了各种新的骗局，令人防不胜防。近年来，互联网金融兴起并且迅速在金融市场占据重要位置，于是骗子也盯上了这个机会，在互联网金融中埋下了许多陷阱。

那么，面对互联网金融中的种种骗局，互联网理财用户应该如何识别，又该如何防范呢？

1. 虚假的积分兑换奖品

不法分子向用户发送积分兑换、聚会照片等诱骗短信同时附加链接，用户点击链接后，立即会自动下载并且安装伪装的木马病毒程序。不法分子通过木马程序可以获取用户手机内存储的信息并且截取用户短信，之后快速利用窃取的用户信息与截取的短信验证码盗取资金。

应对这一类骗术的策略是：不要轻易点击不明链接，设置包含字母+数字或者符号的复杂专用密码并且定期修改。收到短信后立即和银行官方客服、朋友等联系，经过核实确认没有问题后再打开短信链接。

2. 账户余额变动提醒

不法分子通过拖库和撞库、公共 Wi-Fi、ATM 机针孔摄像头、电脑木马等途径，获取用户银行卡账户与密码后登录网上银行，通过购买理财产品、定活互转等手段造成活期账户资金余额变少的假象，用户发现自己银行账户余额变少就会轻易相信不法分子。不法分子就以"帮助用户退回资金"为由，要求用户提供收到的手机短信验证码，然后通过获取的短信验证码盗取资金。

应对这一类骗术的策略是：金融机构需要对账户余额产生变动，诸如定活互转、投资理财产品等交易加强安全防护措施。

如果用户发现账户余额发生变动，为了防止遇到诈骗分子模拟金融机构等客服电话行骗，遇到不明来电可以选择挂断，之后再主动拨打银行官方客服电话或者金融机构官方客服电话确认。

小贴士

> 用户一定要妥善保管自己的短信验证码,不能向任何人提供自己收到的短信验证码。

3. 冒充公检法等机构

不法分子冒充民警、检察官等身份,告知受害人与贩毒、洗钱、非法集资等刑事案件有关,让受害人产生强烈的恐惧感,从而失去判断力。不法分子利用改号软件可以随意改变主叫号码,使来电号码显示成预先设定的电话,以"保护银行账户资金安全"等理由,利用受害者缺少相关法律知识,一步步诱导受害者转账。

应对这一类骗术的策略是:收到自称是电信局、邮局、社保局、电视台、银行或者公安局、检察院、法院工作人员的电话、手机短信时应该提高警惕,不能轻易透露个人资料或者银行存款情况。公安机关不会通过电话问话做笔录,也不会设置所谓的安全账户,所有涉案的调查工作都应该依照法定程序出具相关法律文书才能执行,遇到这种情形应该第一时间询问身边的亲人朋友或者直接拨打110。

4. 退款谎言

不法分子通过购物、订飞机票等途径留下的个人信息,冒充网站客服、银行工作人员,以"提升信用卡额度""网络升级""网站出现故障"等理由,谎称替用户退款,把钓鱼网址发给受骗者,令其填写银行卡号、验证码等信息进行行骗。

应对这一类骗术的策略是:如果接到类似电话,一定要冷静分析,切不可跟随对方节奏,盲目轻信。可先挂断电话,与相关部门咨询核实或者拨打官方客服电话、登录官方网站查询。对于需要填写个人信息的网站、链接、问卷都要保持警惕,重要信息不能随意泄露。在日常生活中,如果遇到来历不明的电话,应该保持警惕,如果谈话内容涉及钱款、银行账户,那么应该拒绝交谈,以免上当受骗。

5. 冒充微信、QQ好友

不法分子盗号后,通过聊天记录及备注初步判断对象,确定沟通方式及内容后,发微信或者QQ要求受害人汇款,而受害人误以为对方是自己的亲人或者朋友,往往慷慨解囊。

应对这一类骗术的策略是:一定要增强防范意识,警惕任何人发送的汇款信息,确定微信、QQ是本人使用,用户可以通过语音或者视频对话的方式验证好友真伪,避免遭受财产损失。

6. 利用提升额度套取信用卡信息

不法分子会收集网上信息，伪装成银行工作人员，给需要贷款的借款人主动打电话，声称可以帮助他提升信用卡额度，而急需用钱的借款人会把自己的个人信息提供给对方，结果导致信用卡被盗刷。

应对这一类骗术的策略是：受害者应该增强防范意识，如果需要提高信用卡额度，一定要通过官方客服等正规途径或去柜台办理信用卡额度变更事宜。对于信用卡使用中不明白的事项，应该向金融机构信用卡专门机构咨询，及时办理信用卡或者密码遗失挂失手续。同时，不能轻易透露身份证号、卡号、密码、验证码等信息，以免上当受骗。

7. 利用伪基站发送假消息

不法分子会利用伪基站发送诈骗短信，以银行积分兑换为由，诱骗用户登录钓鱼网站，获取客户精准信息并且实施诈骗。

"伪基站"就是假基站，设备一般由主机与笔记本电脑组成，冒用他人的号码强行向一定半径范围内的用户手机发送诈骗、广告推销等信息。

小贴士

> 手机信号被强制连接到这种设备后一般会暂时脱网 10 秒左右才能恢复正常，部分手机则必须要关机重启才可以重新入网。

伪基站的特点是流动性强、隐藏性好、难以识别与打击等，公安、银行、移动运营商等多部门联合行动才可以形成打击力度。

应对这一类骗术的策略是：用户不要随便抢陌生人发送的红包。不法分子会利用红包作为幌子，把病毒木马程序隐藏其中，点击之后不仅红包里的钱不会到账，自己的银行卡与账户密码还会被不法分子获取，从而导致账户里的资金被转走。

此外，二维码也是不法分子隐藏木马病毒的道具。不法分子把二维码植入病毒程序，再以返利或者降价为诱惑，发送二维码。一旦用户轻易扫描安装，木马就会盗取应用账号、密码等个人信息，再以短信验证的方式篡改用户密码，转走账户资金。

纵观各类互联网金融骗局，诈骗分子日益集团化、专业化，并且手段多种多样，不断翻新。作为互联网金融用户，只要做到以下几点，就可以有效防范金融诈骗，如图 13-1 所示。

第 13 章 互联网理财的安全管理

一卡	"一卡"是妥善保管好银行卡和网银盾等安全产品,不要借给他人使用。
二码	"二码"指的是电子银行密码及短信验证码。密码不要统一一套,要将电子银行密码设置为复杂组合并且定期修改;短信验证码是支付密码,绝对不能以任何形式透露给他人。
三要素	"三要素"是身份证号、账号、手机号码等个人私密信息,切勿随意泄露。
四做到	认准官网网址;随时关注账户变动,开通账户变动短信、微信提醒服务;在办理电子银行转账、支付等交易时,仔细核对收款账户、商户、金额等信息是否正确;手机、电脑安装杀毒软件,及时升级、定期查杀。

图 13-1 互联网金融用户防范诈骗要点

◆ **生活案例**

赵老爷子今年 70 岁,一天他接到自称顺丰快递员的电话,告诉他有人给他寄的包裹里面包含违禁用品,建议赵老爷子报警,并且把电话移交给"公安机关"。"公安机关"工作人员告知赵老爷子涉嫌犯罪,为了证明自己的清白,必须把账户所有资金转移到"司法机关"的保证金账户中。赵老爷子去银行柜台取钱,由于金额巨大,引起银行注意,在银行的帮助下,赵老爷子并没有损失资金。

案例启示

家中老人的退休金和存款最容易被不法分子盯上,老年人对新鲜事物了解慢,对新型诈骗手段没有免疫力,此时一定要先咨询子女的看法,或者直接拨打 110 报警。

13.2 选择安全的理财平台时应注意的问题

随着人们生活水平的提高,大家的投资理财意识越来越明晰,投资理财的花样也越来越多。那么,如何选择一个安全的理财平台呢?有哪些问题需要我们注意呢?

13.2.1 低息平台不一定更安全

"低息安全论"多见于入行时间不久的新投资者身上,这些人没什么经验,无法准确判断网站的安全性,对于互联网理财平台的基本运行原理也没有弄明白,更不要说分析业务是否正规等需要专业知识的事情了。许多人只是单纯地靠利率来判断一个平台是否安全。

低息安全的迷信是建立在相信市场机制一定有效的基础之上的。喜好低息平台的投资者认为利率的高低是因为平台自身优劣而产生的,即问题平台很少有人投资,资产少才设置过高的利率吸引资金,而好的平台许多人投资,业务供不应求,只能不断压低利率。这样的结论导致平台的安全性与利率呈反比,依靠这样的逻辑,一些保守型投资者只会选择利率最低的网站投资,在他们心里,这样的平台一定是最安全的。

事实上,一个平台热钱较多确实会压低利率,平台基本利率低也可以证明这个平台人气高,但是人气高并不意味着这个平台很安全。

小贴士

> 人气高的原因有很多,可能是活动多,宣传做得好,也可能是起步早,已经深入人心。但是人气高的平台业务风控能力并不一定好,因此,低收益平台中也有无法预测的风险因素。

对于互联网理财新人来说,选择高于银行理财 5% 左右收益水平的理财产品是可以的。许多平台故意压低利率收益,拿资金补贴宣传,以获取更多新用户,发展壮大自己。也就是说,投资者少获取的收益,并不一定是更安全导致的。

投资理财最重要的就是复利理念,如果收益率太低,那么理财从一开始就输给了别人。

互联网理财正逐步趋于规范化,利率持续走低是一个可以理解的现象。但是平台也不能一直以安全为借口,不断降低利率,低息并不是"安全"的代名词。

一个平台是否安全,应该结合自身实力、背景、风控能力等来判断。虽然有许多诈骗平台都打着高收益的幌子进行非法集资,但是也有一些平台比较狡猾,利用投资者"低息一定安全"的心理,披着低息的皮欺骗投资者。

13.2.2 高息分散投资未必安全

只选择高息的投资者,大多是对民间借贷有所了解的,也见识过 20%、30%、

40%甚至更高的收益。这类投资者认为收益低的平台都是流氓平台，所以从来不投。

对于高息平台的风险，这类投资者一般认为只要合理分散投资就可以控制。之所以有这样的迷信产生，是因为投资者认为平台在放款时，面对的都是同一批人，对借款人收取的利率很高，利润空间很大，而一些低息平台可以压低投资者的收益率，从中可以赚取大量的差价。

相信高息平台的投资者认为最终借款人都是同一拨人，每家平台的借款人都是一样的，那么风险也是一样的。从投资者的角度来讲，最好的方式就是选择高收益平台分散投资，这样就可以通过综合的高收益覆盖高风险。

> **小贴士**
>
> 高息分散投资者会通过一些第三方搜索引擎进行收益排序，从高到低全部投，即使损失20%～30%，也依然可以获取很高的收益。

高息分散投资者在认知上存在一个误区，那就是他们忽略了公司规范化所需要的成本，平台在团队、风控、风险金方面需要消耗大量成本，这些成本都要从借贷利息的差价中获取，因此，平台是不会让投资者的收益率和借款人的借贷率相同的。分散投资高收益的行为在一波又一波的平台倒闭大潮中已经遭到强烈否定，事实也证明，高息分散不仅不能获取高收益，还会损失大量本金。

13.2.3 经常打广告的平台也不一定靠谱

P2P理财中的翼龙贷曾是行业里的明星，曾经一掷3.6951亿元夺得央视标王，甚至让很多对P2P理财不了解的人都认识了这家平台。

从整个P2P行业看，打广告已经成为许多P2P理财平台的选择。2014年曾在央视投放广告的平台包括信和财富和恒昌财富，到2015年数量大幅上升，包括e租宝、翼龙贷、金银猫、银谷财富、金信网、善林金融、中投全球、中赢金融等。

P2P理财平台打广告，尤其是在央视这种覆盖人群广的地方，可以迅速提升知名度，虽然花销巨大，但是广告效应极佳，能够在短时间内吸引大量投资者。

此外，能够在央视这类大平台打广告，对于P2P理财网站来说，更有品牌背书的作用。由于P2P理财平台通过打广告吸引来的投资者大部分都是小白用户，其中老年人占据很大比重，能够在央视露脸，可以帮助平台增加信任分，令投资者更容易接受，这是在其他媒体做广告所达不到的效果。目前P2P网贷行业竞争非常激烈，获客成本不断上升，抢占央视黄金资源也合乎情理。

不过，打广告的平台，尤其是可以上央视的平台是否一定靠谱呢？众所周知，当前P2P行业良莠不齐，跑路、提现困难时有发生，对于投资者来说，要通过自己的理财知识分辨一家P2P公司是否靠谱并没有那么容易。对于许多人来说，在不了解平台的情况下，就会把广告投入大的理财平台当作资金实力雄厚的平台，尤其是可以上央视的平台，更容易被认为十分靠谱，但事实上这种认识是存在误区的。

P2P行业毕竟还是金融行业，是存在经营风险的，并非用户数越多越好。即使通过打广告加大了曝光度，引来了大量投资者，但如果平台借款人不够，那么就会造成这些投资者无项目可投，很容易形成资金站岗，加大平台的运营风险。

小贴士

> 更严重的情况是，由于品牌广告增加的投资者数量是无法控制的，这迫使平台突然扩充资产端标的，如果风控水平没有提升，那么对资产端的审核力度可能会减弱，致使资产质量下降，从而给投资者的资金带来风险隐患。

目前P2P行业内的优质资产是比较缺乏的，对于盈利状况不理想的平台来说，投放广告是一笔不小的支出，最终买单的还是投资者。

13.2.4 "高大上"的投资团队未必可靠

有这样一类投资者，他们投资很谨慎，应该算是稳健型投资者。他们不相信广告吹嘘，却经常会相信另一种迷信，那就是"高大上"的投资团队一定可靠。

有的平台会根据投资者的这种想法，故意美化、夸大自己的团队。比如，列举自己平台创始人有海外名校留学背景、创始人团队都是离职的银行高管、创始人是金融学博士等，以此吸引投资者投资。

一般而言，如果创业者学历高，或者家族背景雄厚，那么在创业道路上是有一定优势的，这是一种无形的保障。背景和学历确实是一种资本，但是要注意的是，有的人可能不骗小钱，但并不意味着不骗钱，有"高大上"的投资团队的平台不容易发生问题，并不意味着绝对不会发生问题。

"高大上"的投资团队不可能诈骗的说法是不正确的。在平台发展初期，拥有一个"高大上"的投资团队可以令平台获得更好的发展，投资者也可以据此判断平台的安全性，但是不可以将其当作一直不变的真理而放松了警惕。如果平台已经发展到一定规模，运营依然没有规范化，那么就要产生怀疑了。巨额资金量远远超出平台背景成本，面对巨大的诱惑，谁也无法保证平台的经营者一直恪守原则。

13.2.5 老平台也要小心

相信老平台一定安全的大部分都是一些老投资者。这一类迷信者一般都经历过理财行业动荡，见识过无数 P2P 问题平台跑路。出于稳健投资的心理，他们会认为经历过动荡依然站得稳的老平台其抗风险能力很强，并且时间越久的平台越安全。

诚然，老平台有更好的品牌影响力，已经积累了很好的运营经验，在安全性方面，与新开的平台相比也是有一定优势的。但是这并不意味着随着时间渐久，优势扩大。事实上，营业 1～2 年的老平台和营业 3～4 年的老平台在安全性方面没有本质区别。

 小贴士

一般只需要一个借款周期就可以检验平台的经营能力，不需要等很多年。

经营多年的平台，如果业务模式不错，利润就会越来越多，并且进入良性循环。但如果模式是有瑕疵的，那么会随着时间渐长积累越来越多的坏账，等到一定时期集中爆发，从而引发动荡。

此外，老平台也可能是自融平台或者庞氏骗局，这种平台时间越久，危险越大。

13.2.6 投资同一地区也不一定安全

有的投资者很迷信地域投资。比如，一些投资者会选择与自己居住地相同的平台进行投资，因为自己是本地人，消息更灵通，可以撤资及时，即使平台出现问题，也能快速赶到对方公司。殊不知，平台老板跑路之前是不会透露任何消息的，即使再近，等投资者赶到，看到的也只是一个空壳公司。

有一些诈骗者专门针对这样的投资者而设局。2014 年 10 月，浙江温州连续 5 个平台倒闭，损失总额上亿元，这对于偏好本地平台投资的投资者来说是沉重的打击，当地媒体也报道了该事件。

这起连锁倒闭事件非常典型地体现出区域投资论是平台投资的迷信之说。同一区域的平台之间很容易发生资金拆借行为，如果一个平台倒闭，很可能发生连锁倒闭现象。温州平台连锁倒闭事件说明投资者在构建投资组合时，应该尽量覆盖更多的交叉区域，避免发生系统性风险。

反侵权盗版声明

电子工业出版社依法对本作品享有专有出版权。任何未经权利人书面许可，复制、销售或通过信息网络传播本作品的行为；歪曲、篡改、剽窃本作品的行为，均违反《中华人民共和国著作权法》，其行为人应承担相应的民事责任和行政责任，构成犯罪的，将被依法追究刑事责任。

为了维护市场秩序，保护权利人的合法权益，我社将依法查处和打击侵权盗版的单位和个人。欢迎社会各界人士积极举报侵权盗版行为，本社将奖励举报有功人员，并保证举报人的信息不被泄露。

举报电话：（010）88254396；（010）88258888
传　　真：（010）88254397
E-mail：dbqq@phei.com.cn
通信地址：北京市万寿路 173 信箱
　　　　　电子工业出版社总编办公室
邮　　编：100036